Volker Lob

Design und Realisierung eines Screeningsystems für lebende Zellen

Volker Lob

Design und Realisierung eines Screeningsystems für lebende Zellen

High-Content-Screeningsystem auf Basis von Mikro-Sensorchips zur gleichzeitigen und kontinuierlichen Untersuchung mehrerer biologischen Proben

Südwestdeutscher Verlag für Hochschulschriften

Impressum / Imprint
Bibliografische Information der Deutschen Nationalbibliothek: Die Deutsche Nationalbibliothek verzeichnet diese Publikation in der Deutschen Nationalbibliografie; detaillierte bibliografische Daten sind im Internet über http://dnb.d-nb.de abrufbar.

Bibliographic information published by the Deutsche Nationalbibliothek: The Deutsche Nationalbibliothek lists this publication in the Deutsche Nationalbibliografie; detailed bibliographic data are available in the Internet at http://dnb.d-nb.de.

Verlag / Publisher:
Südwestdeutscher Verlag für Hochschulschriften
ist ein Imprint der / is a trademark of
OmniScriptum GmbH & Co. KG
Heinrich-Böcking-Str. 6-8, 66121 Saarbrücken, Deutschland / Germany
Email: info@svh-verlag.de

Herstellung: siehe letzte Seite /
Printed at: see last page
ISBN: 978-3-8381-1171-1

Zugl. / Approved by: München, TUM, Diss., 2009

Danksagung

Mein Dank gilt Herrn Prof. Dr. Bernhard Wolf für die interessante Aufgabenstellung, die weit genug gefasst war, mir nicht die Freiheit bei der Ausgestaltung der Arbeit zu nehmen.

Für die Übernahme des Zweitgutachtens danke ich Herrn Prof. Dr. Schwesinger.

Besonderen Dank schulde ich Herrn Dr. Helmut Grothe, Herrn Dr. Martin Brischwein und Frau Dr. Angela Otto, die diese Arbeit durch konstruktive Kritik und wertvolle Anregungen unterstützten.

Ich möchte mich auch bei meinen Studenten bedanken, ohne denen viele technische Lösungen hätten nicht umgesetzt werden können. Besonderer Dank gilt hier Murat Gül, Bernhard Becker, Andreas Mucha, Xiaoqian Fan und Stephanie Wartenburg.

Ich danke allen Projektpartnern des von der Bayrischen Forschungsstiftung geförderten Projektes „IMWP". Ohne die Unterstützung von Herrn Dr. Krause von der Fa. PreSens GmbH, Herrn Dr. Asmus von der Fa. Heraeus Sensor Technology GmbH, Herrn Schröder und Herrn Pfaff der Fa. RAWE Electronic GmbH, Herrn Dr. Waltenberger der Fa. Microcoat GmbH, Herrn Dr. Kaufmann und Herrn Pahl wäre die technische Umsetzung des Analysesystems nicht möglich gewesen.

Allen Mitarbeitern des Heinz Nixdorf-Lehrstuhl für Medizinische Elektronik danke ich für die sehr gute Zusammenarbeit sowie für das herzlich kollegiale Arbeitsklima. Ohne die Unterstützung von Herrn Robert Arbogast und Herrn Wolfgang Ruppert bei der Herstellung diverser Multiwellplatten wäre diese Arbeit nicht möglich gewesen.

Ich möchte allen Kollegen und Freunden danken, die durch viele wertvolle Diskussionen zum Gelingen dieser Arbeit beigetragen haben.

Der Bayrischen Forschungsstiftung, sowie der Heinz Nixdorf-Stiftung danke ich für finanzielle Unterstützung.

Nicht zuletzt möchte ich mich auch bei meinen Eltern bedanken, dass sie mir den bisherigen Weg so eben wie möglich gemacht haben und ich jederzeit auf ihre Unterstützung zählen kann.

Meiner Frau Alina danke ich von ganzem Herzen für ihre unermüdliche Unterstützung, ihre Liebe und Motivation.

München, im Februar 2008

Vorwort

Abbildungen, Tabellen

Die Quellen der in Abbildungen präsentierten Graphiken bzw. der in Tabellen aufgelisteten Daten sind jeweils gegeben, falls die Inhalte aus externer Literatur übernommen wurden. Abbildungen oder Tabellen ohne Quellenangabe wurden als Teil der hier vorgestellten Arbeiten erstellt und/oder ermittelt.

Glossar

Im Anhang dieser Dissertation befindet sich u. a. ein Glossar, in dem erklärungsbedürftige Wörter aufgelistet und kurz beschrieben werden. Kenntnisse von der Bedeutung dieser Wörter ist für das Verständnis der entsprechenden Textstellen stellenweise unabdingbar. Wörter, die im Glossar aufgelistet sind, werden beim ersten Vorkommen im Text durch eine spezielle Formatierung gekennzeichnet: BEISPIELFORMATIERUNG. Um den Lesefluss nicht unnötig zu stören sind alle weiteren Vorkommen innerhalb des verbleibenden Textes nicht gesondert formatiert.

PDF-Version dieses Dokuments

Bei der Erstellung des Dokuments wurden *interne* Verknüpfungen für etwaige Querverweise vorgesehen, über die bequem zu den entsprechend verwiesenen Stellen im Dokument gewechselt werden kann. Die Beschreibung der Navigation bezieht sich auf die Verwendung des Acrobat® Readers® in der aktuellen Version (Version 7; erhältlich unter: http://www.adobe.de/products/acrobat/readstep2.html).

Externe Verknüpfungen, wie z. B. zur soeben genannten Webseite, sollten zudem automatisch einen Web-Browser und darin die entsprechende Webseite öffnen.

Hinweis: Einige Verknüpfungen funktionieren nur ordnungsgemäß, wenn im Dialogfeld „Bearbeiten" → "Grundeinstellungen" im Bereich „Allgemein" die Option „Automatisch URLs im Text erkennen" aktiviert wurde.

Verknüpfung werden folgendermaßen aufgerufen:

- Wählen Sie das Hand-Werkzeug aus.
- Zeigen Sie mit der Maus auf die Verknüpfung, bis der Zeiger sich in eine Hand mit einem ausgestreckten Zeigefinger verwandelt. (Die Hand ist zusätzlich mit einem „W" gekennzeichnet, wenn es sich bei der Verknüpfung um eine Internet-Verknüpfung handelt.)
- Klicken Sie auf die Verknüpfung.

Zum Aktivieren der Verknüpfung muss jeweils direkt auf die verwiesenen Zahlen, Abkürzung, etc. geklickt werden. Für folgende Querverweise wurden interne Links vorgesehen.

- Inhaltsverzeichnis: durch Anklicken des gewünschten Abschnitts im Inhaltsverzeichnis wird automatisch zu diesem gewechselt.
- Verweise auf Abschnitte: z. B. (vgl. Abschnitt 1)
- Verweise auf Abbildungen: z. B. (s. Abbildung 1.1)
- Literaturangaben: z. B. [48]
- Abkürzungen: z. B. **T**echnischen **U**niversität **M**ünchen (TUM)

Interne Verknüpfungen führen unmittelbar *unter* die verknüpfte Stelle im Dokument. Je nachdem von welcher Position innerhalb des Texts zu der verknüpften Stelle gewechselt wird, kann diese unmittelbar *oberhalb* des sichtbaren Textbereichs sein, so dass der Bereich durch „scrollen" angepasst werden muss.

Ähnlich der Navigation in einem Web-Browser kann durch Klicken auf die Schaltfläche (befindet sich in der Statusleiste im unteren Teil des Fensters) wieder zu Ansicht des Ausgangspunkts zurück gewechselt werden. In der Statusleiste befinden sich zudem Navigationsschaltflächen zum Wechseln zur „Erste Seite“, „Vorherige Seite“, „Nächste Seite“, „Letzte Seite“, die bereits beschriebene „Vorherige Ansicht“ und eine Schaltfläche zum Wechseln zur „Nächste Ansicht“.

Kurzfassung

Leben ist auf der zellulären Ebene durch dynamische und vernetzte molekulare Prozesse charakterisiert, deren genaue Regulation für den ganzen Organismus essentiell ist. Ein tieferes Verständnis dieser Mechanismen erlaubt es, Krankheiten besser zu verstehen um damit letztendlich bessere Therapiestrategien zu entwickeln.

Mit Hilfe der planaren Mikrosensortechnologie ist es heute möglich, grundlegende Funktionsparameter an lebenden Zellen zu quantifizieren. Metabolische und morphologische Änderungen können direkt und in Echtzeit erfasst werden.

Diese Arbeit beschreibt ein Analysesystem auf Basis von Mikro-Sensorchips zur gleichzeitigen und kontinuierlichen Untersuchung des pH-Wertes, des Sauerstoffgehaltes und der elektrischen Impedanz an mehreren biologischen Proben. Der extrazelluläre pH-Wert ist eine wichtige Größe für die Steuerung des zellulären Wachstums und der Kontaktinhibition. Der Sauerstoffpartialdruck (pO_2) im Mikromilieu von Tumoren moduliert genetische Expressionsmuster und kennzeichnet metabolische Alterationen. Morphologische Änderungen sowie Zell-Zell-Kontakte lassen sich mit Hilfe der Impedanzmessung untersuchen.

Das Analysesystem besteht aus mehreren Teikomponenten und folgt einem modularen Aufbau. Es besteht aus einem Zellversorgungssystem, mehreren Messgeräten zur Auslese der Sensorsignale und einer Echtzeitvisualisierung. Ein automatisierter Pipettierroboter in einer Klimakammer bewegt Kultur- und Messmedium (wirkstoffversetzt) zur Messeinheit. Während der sogenannten Versorgungszyklen werden die Messdaten erfasst, an einen PC übertragen und visualisiert.

Eine sensorbestückte Multiwellplatte ist das Herzstück der Analyseplattform. Sie enthält 24 Messkammern mit integrierter Mikrofluidik. In einer systemtheoretischen Betrachtung werden die elektrochemischen und fluidmechanischen Eigenschaften der Testplatte beschrieben, um damit eine Grundlage für die Interpretation der gemessenen Daten zu schaffen.

Versuche mit Zelllinien zeigen reproduzierbare Messergebnisse. Die Zellparameter können dynamisch über mehrere Stunden (bis zu Tagen) in Echtzeit erfasst und dargestellt werden.

Abstract

The analysis of biological processes at the cellular level is the basis for understanding the causes of diseases and a prerequisite for developing selective treatments. Cultivation of cells directly on sensor chips would permit monitoring of metabolic and morphological parameters directly online and in real time. For the functional analysis of living cells the use of culture plates in combination with various optical and/or electrochemical measurement systems is state of the art.

This thesis describes a test apparatus based on micro-sensor chips for a continuous monitoring of pH, pO_2, and electric impedance as primary parameters.

The test apparatus consists of a cell maintenance system ("macro-fluidic"), read-out for sensor signals and an on-line monitoring system (PC). An automated pipetting robot in a climate chamber moves between wells, delivering and aspirating culture media (and drug solutions) to and from the vessels. A series of sensor signals is acquired during each stop-phase and transformed to parameters of metabolic rate.

A sensor-chip-based 24-well plate with an integrated "micro-fluidic"for living cells is the heart of the device. A system theoretical view explains the elektrochemical and fluidmechanical facts of the testplate and establishes a basis for interpretation of measured data.

First measurements using cell lines show that this system generates reproducible data for replicate cultures as well as for independent experiments. Data acquisition of cellular signals can be obtained over several days.

Inhaltsverzeichnis

1 Einleitung

Die Beschleunigung des wissenschaftlich-technischen Fortschritts in den 90er Jahren hat im Bereich der Gentechnik Möglichkeiten eröffnet, die vor nicht allzu langer Zeit noch unvorstellbar waren. Als im Jahre 2003 das vollständig sequenzierte menschliche Genom vorgestellt wurde, tat sich vor den Forschern ein neues vielversprechendes Wissenschaftsfeld auf. Die Gentechnik ermöglicht nicht nur die Analyse der Erbinformationen, sondern auch deren Manipulation. Heute rückt die funktionelle Annotation der genetischen Information, die Proteomanalyse und metabolische Untersuchung von lebendem Material in das Zentrum des Interesses. Während mit dem Genom ein statischer Datenpool oder Bauplan eines Organismus identifiziert wird, stellt sich die Problematik der Analyse von Wirkstoffen und deren Einfluss auf den Metabolismus einer Zelle komplexer dar. Die Entschlüsselung der intrazellulären Signalketten sowie deren Wechselwirkungen ist ein wichtiger Baustein zum Verständnis der Funktionsweise von Zellen und Geweben und eröffnet breite Anwendungsmöglichkeiten in der medizinischen Diagnostik, bei der Entwicklung von Pharmaka und bei biotechnologischen Prozessen [25].

Die Suche und Charakterisierung von bioaktiven Substanzen, durch welche lebenswichtige Prozesse in Mensch, Tier und Pflanze beeinflusst und gesteuert werden, ist eines der interessantesten und auch kommerziell attraktivsten Bereiche in der Pharmazie und der Biologie. Gegenwärtig bildet sich ein Trend aus, der die vorwiegend auf Bindungsstudien beruhenden Hochdurchsatzuntersuchungen (**H**igh **T**hroughput **S**creening (HTS)) durch differenziertere hochauflösende Verfahren (**H**igh **C**ontent **S**creening (HCS)) ersetzen oder zumindest zu ergänzen versucht. Dabei wird die Wirkung einzelner Substanzen in der nativen Zellumgebung untersucht [37, 78, 100]. Das hierbei verfolgte Ziel liegt in der möglichst exakten in-vitro Nachbildung der in-vivo Bedingungen.

Derzeit dominieren immer noch HTS-Verfahren bei der vorklinischen Wirkstoffsuche, die sich vereinfacht in drei Phasen unterteilen lässt. Nach einer Studie von DiMasi et al. [35] werden für die Abarbeitung dieser Tests ca. 335 Millionen US-Dollar in etwa 3,5 Jahren benötigt. In der ersten Phase werden molekulare Zielstrukturen (Targets) ermittelt. Diese Stoffe nehmen im Körper eine Schlüsselposition in der Entstehung und Entwicklung von Krankheiten ein. Dabei können die molekularen Zielstrukturen als Schnittstellen verstanden werden, an denen Arzneimittel ihre Wirkung entfalten. In einer zweiten Phase werden im hohen Durchsatz (HTS) verschiedene Testsubstanzen wie Antibiotika und andere molekulare Wirkstoffe auf die Moleküle angesetzt, um die molekularen Zielstrukturen spezifisch in geeigneter Weise zu beeinflussen. Dabei kann es zu einer aktivierenden oder hemmenden Wirkung kommen. Die durch die hoch parallelisierten Abläufe gefundenen und damit erfolgreichen Testsubstanzen bzw. Wirkstoffe werden als Leitstrukturen (**H**igh **P**otential (HP)) bezeichnet. In der dritten Phase der Wirkstoffentwicklung kommt es zur Optimierung der mittlerweile ca. 12-17 verbleibenden Wirkstoffe. Diese Phase ist die zeit- und kostenaufwendigste. Hierbei werden aufeinander folgende Zyklen durchlaufen, welche aus chemischen Synthesen bestehen und die biologische Wirkung ermitteln, um Aspekte hinsichtlich der Selektivität, der Verfügbarkeit, der Wirksamkeit und der Pharmakokinetik zu optimieren. Die erfolgreich optimierten Leitstrukturen werden dann in sehr kostenintensiven vorklinischen und klinischen Studien überprüft und dienen als Grundlage für die Arzneimittelentwicklung. Folgende Abbildung 1.1 zeigt die nach jeder Entwicklungsphase verbleibenden Leitstrukturen. Bis ein Medikament auf den Markt gebracht werden kann vergehen ca. 13 Jahre und es werden ca. 1 Milliarde US-Dollar ausgegeben [35].

Um die Wirkweise neuer Medikamente in Zukunft effektiver und kostensparender untersuchen zu können, ist es zunehmend wichtig, Vorgänge auf zellulärer Ebene zeitnah und gezielt beobachten zu können. Der Fokus der Forschung verlagert sich von der Betrachtung des gesamten

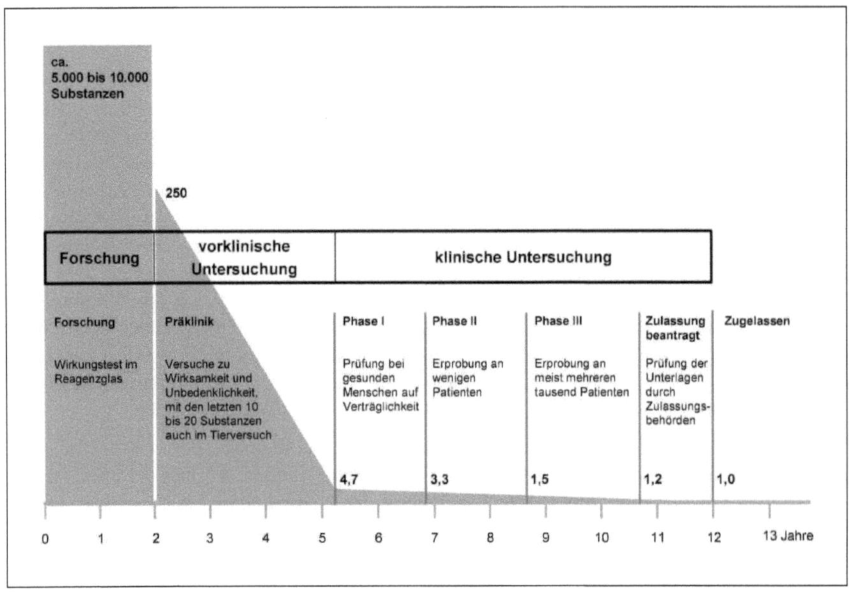

Abbildung 1.1: Kosten und zeitlicher Aufwand bei der Entwicklung neuer Medikamente [35]

Individuums auf die Untersuchung seiner kleinsten Bauteile, der Zellen, und ihrer komplizierten Stoffwechselvorgänge, ihrer Reaktionen auf Stimuli aus der Umwelt sowie ihrer Kommunikation untereinander [20, 82]. Neue Erkenntnisse auf dieser fundamentalen Ebene helfen, Rückschlüsse auf das Verhalten des gesamten Organismus zu ziehen.

Lebende Zellen in einer kontrollierten Umgebung kultiviert können solche Erkenntnisse liefern, sogar genauer und reproduzierbarer, als es mit Tierversuchen je möglich ist [94]. In der Zellkultur können alle relevanten Parameter eingestellt und überwacht werden, was differenzierte Aussagen über die Wirkung eines jeden Stimulus erlaubt. Um an Informationen über den Zustand einer lebenden Zelle zu gelangen, gibt es verschiedene Ansätze. Der älteste und immer noch am weitesten verbreitete ist die Mikroskopie, die seit ihren Anfängen kontinuierlich weiterentwickelt und verfeinert wurde [139, 65, 153, 108, 135]. Heute gibt es verschiedene Detektionsverfahren für die unterschiedlichsten Reaktionen und Substanzen, die auf der Auswertung optischer Marker mit Hilfe von Mikroskopen basieren [153, 14]. Ihnen gemeinsam sind zwei entscheidende Nachteile: Erstens sind sie alle in einem gewissen Maße invasiv, da ein Reagenz in das physiologische Milieu der Zellen eingebracht werden muss und dort einen Fremdstoff darstellt, der die Messergebnisse verfälschen kann [22, 10, 82]. Zweitens sind herkömmliche Mikroskope große und komplizierte Geräte. Für bestimmte Anwendungen ist ihr Einsatz daher nicht praktikabel, unter anderem für paralleles Screening vieler verschiedener Wirksubstanzen z.B. in der Pharmaindustrie oder für integrierte Systeme mit Biosensorik-Komponenten. Für beide Anwendungsfälle bieten sich mit verschiedenen Biosensoren bestückte Chips an, also eine spezielle Ausführung sogenannter Lab-on-Chip-Systeme. Auf diesen werden die zu untersuchenden Zellen kultiviert, während ihre mikrophysiologische Umgebung in Echtzeit über eine angeschlossene Elektronik bzw. Optik überwacht werden kann. Am Lehrstuhl für Medizinische Elektronik der TU München wurden verschiedene solcher Lab-on-Chip-Systeme entwickelt. Sie enthalten auf einem gemeinsamen Substrat hochintegrierte planare Sensoren für Temperatur, pH-Wert, Sauerstoff-Partialdruck und elektrische Impedanz [106, 160].

Der Ansatz liegt nahe: Zellen sind mit einer Vielzahl oft noch unbekannter Rezeptoren bestückt, deren Stimulation zu verschiedenen Reaktionen führen kann. Wenn sich diese Reaktionen auf die Morphologie, auf die Zellatmung bzw. auf die Säureextraktion der Zelle auswirken, so sind sie mit Hilfe von planaren Sensorstrukturen erfassbar [41, 106]. Gerade morphologische Veränderungen gehören zu den am schnellsten ablaufenden zellulären Reaktionen und sollten auch reversibel sein, sofern die Zelle durch den auslösenden Reiz nicht zu stark beschädigt wird. In Zukunft werden zelluläre Assays eine immer stärkere Rolle bei der Untersuchung von Wirkstoffen einnehmen. Dies eröffnet neue Möglichkeiten für aussagekräftigere Wirkstofftests und für eine individualisierte Therapie auf der Basis solcher Testergebnisse.

2 Problemstellung und Zielsetzung

Eine Betrachtung der Methoden der Pharmaindustrie bei der Entwicklung neuer Medikamente zeigt, dass in der vorklinischen Untersuchung hauptsächlich Bindungsaffinitäten auf molekularer Ebene untersucht werden. Das Mittel der Wahl stellen derzeit hoch-automatisierte und hoch-parallelisierte HTS-Methoden dar [36, 115]. Die Beschränkung der Analytik auf die reine Chemie erlaubt jedoch zu wenig spezifische Aussagen und wird biologischen Modellen oft nicht gerecht [7, 132, 64, 100].

Ein entscheidender Nachteil des HTS-Verfahrens stellt die große Distanz zu in-vivo Bedingungen dar. Erst wenn sich der Wirkstoff im Organismus befindet, kann seine Verträglichkeit bzw. Effektivität letztendlich bestimmt werden. Viele molekulare Strukturen, die sich als Hoffnungsträger innerhalb der vorklinischen Untersuchungen, insbesondere im Bereich des sekundären Screenings (Validierung der Wirkstoff-Targets, Optimierung der Lead-Substanzen) herausgestellt haben, erweisen sich in der klinischen Untersuchung als unbrauchbar [132, 64]. Bei der Interpretation zahlreicher zellulärer Assays muss berücksichtigt werden, dass die Arbeitsweise der Zelle generell von hochkomplexen Mechanismen paralleler Informationsübertragung und Stoffwechselsignalen gekennzeichnet ist [83, 25, 81].

In den letzten Jahren lässt sich ein Trend zur Verwendung aussagekräftiger funktionaler Assays mit lebenden Zellen beobachten [29]. Hierbei kommen zumeist lichtmikroskopische Verfahren, sogenannte HCS-Methoden, zum Einsatz. Das Ziel liegt in einer multiparametrischen und damit differenzierteren Betrachtung biologischer Systeme. Die Vergrößerung der Anzahl erfasster Messparameter geht naturgemäß mit einer Verringerung des Durchsatzes einher.

Um dennoch einen erhöhten Durchsatz an Proben zu ermöglichen, müssen die Messabläufe optimiert werden. Die zu handhabenden Volumina müssen schnell zugänglich und sehr klein sein, da z. B. bei Naturstoffextrakten nur sehr wenig Probenmaterial zur Verfügung steht. Um Reaktionen parallel bearbeiten zu können, werden Mikrotiterplatten mit 96, 384 oder 1536 Vertiefungen („wells") auf einer Grundfläche von 127 x 85 mm verwendet. 1536-Well- Platten mit einem Reaktionsvolumen von lediglich 2–8 µl stellen bereits besondere Ansprüche an die Dosiereinheiten und das Problem der Evaporation tritt verstärkt in den Vordergrund.

Ziel dieser Arbeit ist es, eine neue bioanalytische Methodik für ein sensorgestütztes Monitoring mehrerer physikalisch-chemischer Parameter in einem Testformat (Multiwellplatte), das sich klar an Effizienz und Durchsatz orientiert, zu entwickeln. Der Fokus lag auf Biosensorchip-basierten mikrophysiologischen Untersuchungen an lebenden Zellen. Dabei sollte eindeutig der Ansatz eines HCS-Systems verfolgt werden. Ein hoher Automatisierungsgrad des Systems sollte Fehler durch händische Arbeit minimieren und damit die Reproduzierbarkeit und die Präzession der Arbeitsabläufe erhöhen. Dem hohen Anspruch vieler Testverfahren an standardisierte Arbeitsschritte sollte somit Rechnung getragen werden.

Die zu untersuchenden Parameter pH, pO_2 und Impedanz, sollten durch ihre Kombination eine neue Informationsquelle für Anwender darstellen, über die sie mit den bisherigen Methoden nicht verfügten. Über die Anbindung eines automatisierten Mikroskopes sollten bildgebende Messverfahren zugänglich sein. Die Wirkung von Substanzen an Zellen sollte dynamisch und in Echtzeit aufgezeichnet werden. Ein wichtiges Kriterium dabei sind die in-vivo nahen Bedingungen innerhalb des Analysesystems. Stabile Basisparameter wie etwa Temperatur und Sterilität sind für viele Zellen bzw. Zellkulturen überlebenswichtig und stellen generell die Grundlage für reproduzierbare in-vitro Diagnostik dar.

Um den Probendurchsatz pro Zeit zu maximieren mussten vier wesentliche Kriterien erfüllt werden:

- alle Arbeitsschritte sind vollständig automatisiert
- die zu bearbeitenden Probenvolumina sind möglichst klein
- Parallelisierung der Messabläufe
- eine schnelle und spezifische Analytik steht zur Verfügung

Ausgehend von diesen Vorstellungen konnte mit Partnern aus der Industrie eine Analyseplattform verwirklicht werden. Folgende Kapitel beschreiben den Aufbau und die Arbeitsweise des neuartigen HCS-Systems (siehe Kapitel 8), sowie den Aufbau einer SBM als Zell- bzw. Probenträger (siehe Kapitel 7).

3 Stand der Technik

Der Laboralltag eines Zellbiologen ist noch immer in vielen Bereichen durch händische Arbeit geprägt. Will er seine Zellen analysieren, lässt er sie zunächst in Polystyrenschalen, Multititerplatten oder Glasgefäßen mit großen Oberflächen wachsen. Nachdem die Proben mehrere Aufbereitungsschritte wie das Zentrifugieren oder Lysieren durchlaufen haben, werden sie modernen Analysegeräten wie zum Beispiel dem Massenspektrometer zugeführt. Gerade im Forschungsbereich sind diese zeitintensiven Analyseschritte, wie man sie auch schon vor Jahrzehnten praktiziert hat, noch gang und gäbe. Der Zellbiologe wird sich in Zukunft mehr und mehr automatisierter Analysegeräte bedienen, die in der Lage sind, selbständig verschiedene Verfahrensschritte an der Zellanalytik vorzunehmen.

Die Analytik an lebenden Zellen gewinnt zunehmend an Bedeutung [8, 29]. Durch die bestehenden Möglichkeiten, Zellkulturen auf Sensorchips anlegen zu können, lassen sich metabolische und morphologische Parameter der Zellen durch Messungen erfassen. Die bestehenden Varianten einzelner Biosensorchips basieren dabei entweder auf Silizium-, Keramik- oder Glassubstraten, auf die durch unterschiedliche Prozesstechniken feinste Strukturen aufgebracht werden, die ihrerseits Sensorfunktionen übernehmen. Auf der Basis dieser Mikrosensoren wurden am **L**ehrstuhl für **M**edizinische **E**lektronik (LME) der **T**echnischen **U**niversität **M**ünchen (TUM) bereits umfangreiche Messungen und Projektlinien mit zwei parallel betriebenen Messkammern vorgenommen [22, 39] (siehe Abbildung 3.1). Darüberhinaus sind in den letzten Jahren höher integrierte Systeme zur automatisierten Messung an lebenden Zellen entstanden. Abbildung 3.2 zeigt ein am **L**ehrstuhl für **M**edizinische **E**lektronik (LME) entwickeltes Einkanalmessgerät.

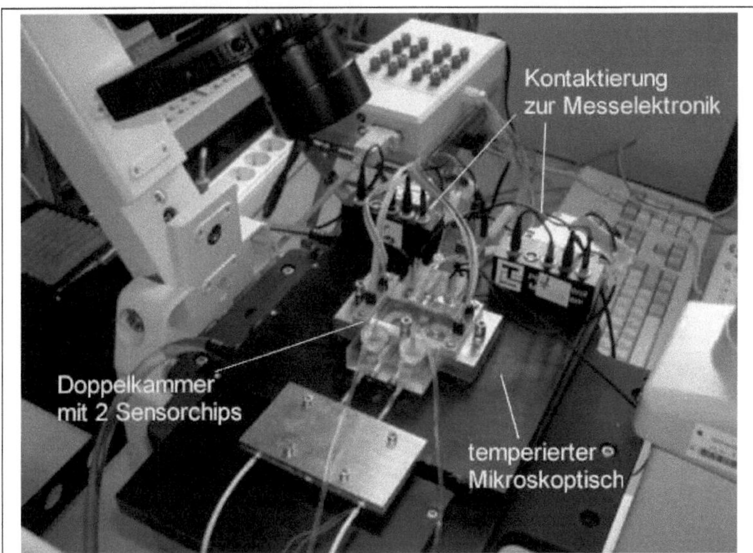

Abbildung 3.1: Mikroskopierbarer Test-und Diagnoseaufbau für das "metabolic profiling"von Zellen und Geweben [162, 39]

Mit der Erkenntnis, dass valide Daten eines Messversuches erst durch eine statistische Betrachtung mehrerer parallel untersuchter Zellkulturen möglich ist, wurde am LME ein Mehrfachtester entwickelt. Abbildung 3.3 zeigt das Gerät mit sechs Chipbestückten Messeinheiten, die sich in

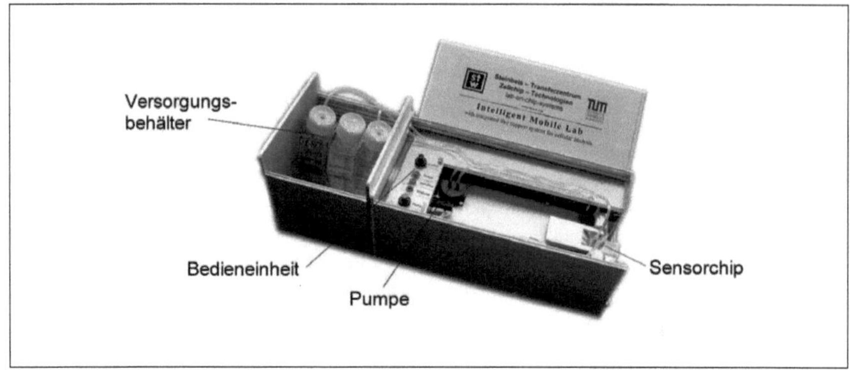

Abbildung 3.2: Hoch integriertes Einkanalmessgerät des LME zur Untersuchung lebender Zellen. Proben können auf einen multiparametrischen Biochip in das Gerät eingegeben und dynamisch untersucht werden [22]

einem Inkubator befinden. Zur Versorgung der Zellen mit Nährmedium dienen Schlauchverbindungen, die an Quetschpumpen angeschlossen sind. Dieser Ansatz eines Zellanalysesystems ermöglicht bereits ein weitgehend automatisiertes Messverfahren. Ebenso gewährleistet eine temperierte Umgebung realitätsnahe Bedingungen.

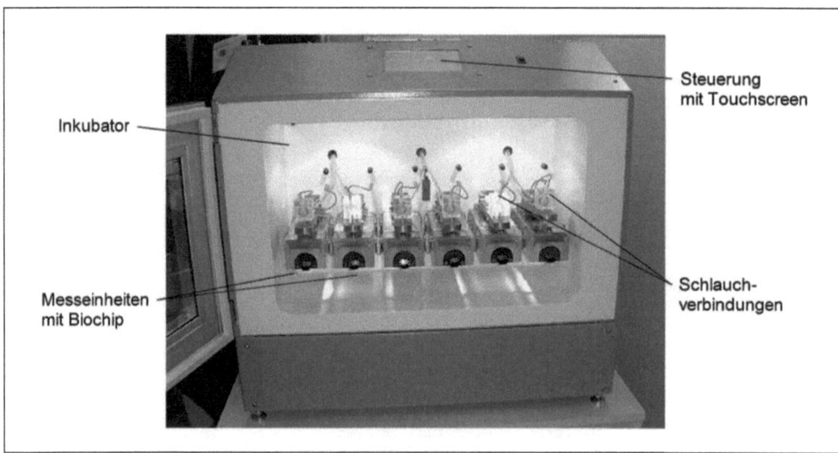

Abbildung 3.3: Mehrkanalmessgerät des LME zur dynamischen Untersuchung lebender Zellen. Bis zu sechs Proben können unter identischen Bedingungen automatisiert bedient und vermessen werden [22]

Um das komplexe Mikrosystem der lebenden Zelle experimentell zugänglich zu machen, bedient man sich hier drei verschiedener Typen von Mikrosensoren, die auf Chips integriert werden: Zum einen wird der pH-Wert zur Messung des zellulären Protonenaustausches und des globalen Zellstoffwechsels sowie der Sauerstoffgehalt zur Bestimmung des zellulären Sauerstoffaustausches bzw. der mitochondrialen Aktivität gemessen. Ein dritter Sensor ermittelt die Impedanz zur Beobachtung struktureller Änderungen des Zytoskeletts, verbunden mit Änderungen der Zell - Matrix und Zell - Adhäsion.

Aufbauend auf den Erfahrungen der vergangenen Entwicklungen wird in dieser Arbeit eine neuartige Analyseplattform beschrieben, die den Anforderungen moderner und effizienter Messverfahren genügt. Auf die Verwendung schwer zu reinigender Schlauchverbindungen, die eine Gefahr für die Sterilität darstellen, sollte verzichtet werden. Durch eine angepasste Fluidik, sowie ein neues Klimatisierungs- und Automatisierungskonzept sollten möglichst realitätsnahe Messbedingungen geschaffen werden. Ebenso galt es die Anzahl der gleichzeitig möglichen Versuche zu erhöhen. Der hier beschriebene Parameter Parallelität sollte von ehemals sechs auf 24 gesteigert werden [22].

Gerade in den letzten drei Jahren haben Firmen mehr oder weniger stark automatisierte Laborgeräte auf der Basis von Biochips auf den Markt gebracht [29]. Dabei unterscheiden sich die einzelnen Messmethoden und die damit zusammenhängenden Anwendungsgebiete stark von einander. Folgende Kapitel geben einen Überblick über bereits im Markt befindliche Screeninggeräte. Dabei soll dieser Abschnitt den Stand der Technik unter den in Abschnitt 2 beleuchteten Aspekten betrachten.

- Automatisierte Laborgeräte zur Analyse von biologischem Material (in-vitro Zellkulturen)
- Markierungsfreie Messverfahren (label-free-detection) mit Hilfe von Biochips
- Probenhalterung bzw. Zellversorgung
- Mikroskopbasierte Messgeräte

3.1 Oberflächenplasmonenresonanz

Die ersten Entwicklungen zur Oberflächenplasmonenresonanz (**S**urface **P**lasmon **R**esonance (SPR)) liegen schon über zehn Jahre zurück. Bedeutung hat dieses Messverfahren jedoch aufgrund seiner hohen Empfindlichkeit erreicht. Der zugrunde liegende Effekt beruht auf der kollektiven Schwingungsanregung freier Elektronen in sehr dünnen Edelmetallfilmen, die als Substrat für diese Biosensorik dienen. Durch einfallende Photonen werden die delokalisierten Elektronen des Substrates in eine resonante Schwingung versetzt, die auch durch die Eigenschaften der Grenzfläche und damit der rezeptiven Sensorschicht bestimmt wird [86, 109]. Bei geringfügigen chemischen und physikalischen Änderungen im Analyten kommt es zu einer Verschiebung der Resonanzfrequenz. Durch die heutige Verfügbarkeit hochwertiger und kostengünstiger Messschaltungen können diese Signaländerungen einfach und sehr präzise gemessen werden. Schon geringe Konzentrationsänderungen der Analyten in der Zellkultur können erfasst werden. Darüber hinaus ist die SPR-Detektion als optische Methode minimalinvasiv und unempfindlich gegenüber Störeinflüssen wie etwa elektromagnetischer Strahlung. Die Anregungslichtquellen dieser Bioanalysesysteme arbeitet vorzugsweise mit Licht im Infrarotbereich [99].

In Abbildung 3.4 ist der prinzipielle Aufbau einer Detektionseinheit bei der Oberflächenplasmonenresonanz-Analyse dargestellt.

Insbesondere für die Entwicklung biochemischer Schnelltests haben in den vergangenen Jahren mehrere Firmen SPR-Messsysteme auf den Markt gebracht. Als Weltmarktführer auf diesem Gebiet ist die Firma **G**eneral **E**lectric (GE) Healthcare[1] mit ihrer Produktreihe Biacore® anzusehen. In Abbildung 3.5 ist das Model Biacore T100® zu sehen, mit dem bis zu 384 Proben pro Durchlauf getestet werden können. Auch wenn diese Messmethode hauptsächlich zur Untersuchung der Kinetik bzw. Bindungsaffinität bei Proteinen herangezogen wird, so sind Messungen an lebenden Zellen oder an deren exprimierten Abfallprodukten denkbar.

[1] Internetauftritt: www.gehealthcare.com

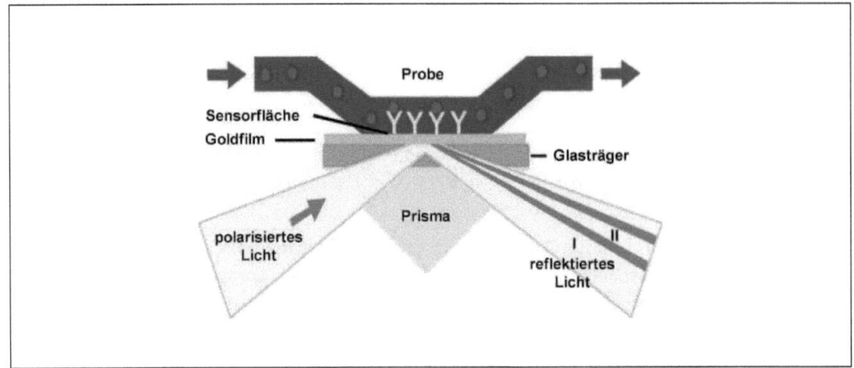

Abbildung 3.4: Aufbau eines Sensorsystems zur Untersuchung von biologischem Materials mit Hilfe des Oberflächenplasmonenresonanz-Effektes. Abhängig von der Probe kommt es zu einem individuellen Streuungsmuster des einfallenden polarisierten Lichtes

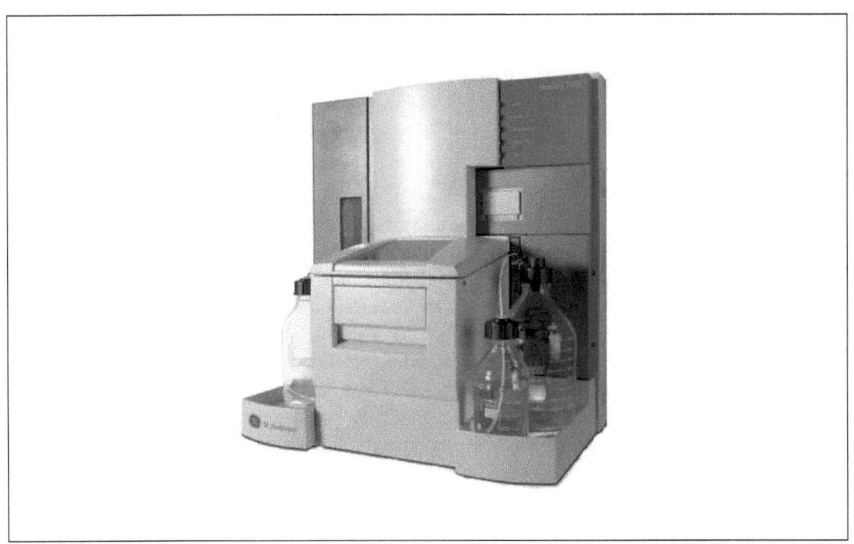

Abbildung 3.5: Das Bioanalysesystem Biacore T100 von GE Healthcare zur markierungsfreien Untersuchng mit Hilfe der Oberflächenplasmonenresonanz. Quelle: GE Healthcare, Internetauftritt: www.gehealthcare.com

Die neuesten Entwicklungen im Bereich der Oberflächenplasmonenresonanz beziehen sich auf eine flächenaufgelöste Detektion [123]. Hier wird die Intensität des total reflektierten Lichtes nur bei einem Winkel gemessen. Verschiebt sich die Resonanzkurve, so ändert sich auch die Intensität des reflektierten Lichtes bei dem gewählten Winkel. Zur Detektion der Signalantwort, wird eine hochauflösende **C**harge-**C**oupled **D**evice (CCD) Kamera verwendet. Unter Verwendung von Lichtmikroskopen lassen sich laterale Auflösungen zwischen ein und zwei µm erzielen und gleichzeitig geringste chemische und physikalische Veränderungen in molekularen Monoschichten beobachten. Da diese Messmethode in der Lage ist, relativ schnelle Prozesse zu verfolgen, ist die flächenaufgelöste SPR zur Untersuchung von dynamischen Prozessen geradezu prädestiniert. Durch eine Zeitauflösung von wenigen Millisekunden lassen sich Adsorptionsprozesse on-line und in-situ verfolgen [140].

3.2 Guided Mode Resonance (GMR)

Ebenso wie beim Oberflächenplasmonenresonanz Analyseverfahren, basiert das sogenannte GMR-Verfahren auf einem optischen Effekt. Der hier verwendete Biosensor besitzt ein nanostrukturiertes photoelektrisches Strichgitter. Bei einer Bindung von Molekülen an der Sensoroberfläche, kommt es zu einer Wellenlängenverschiebung des von der Sensorunterseite reflektierten Lichtes (siehe Abbildung 3.6). Dieser Effekt wird durch Änderungen der dielektrischen Eigenschaften der sich auf der Sensoroberseite befindlichen molekularen Bindungen hervorgerufen [32, 33, 89, 88, 31]. Die hohe Empfindlichkeit des Systems erlaubt eine Echtzeitanalyse von Bindungsphänomenen durch eine quantitative Erfassung der Wellenlängenverschiebung über die Zeit (**P**eak **W**avelength **V**alue (PWV)). Auch dieses Messystem lässt sich zur Untersuchung verschiedener Fragestellungen heranziehen. Die biomolekulare Interaktion zwischen Proteinen, Peptiden oder auch Zellen lässt sich so genauer untersuchen.

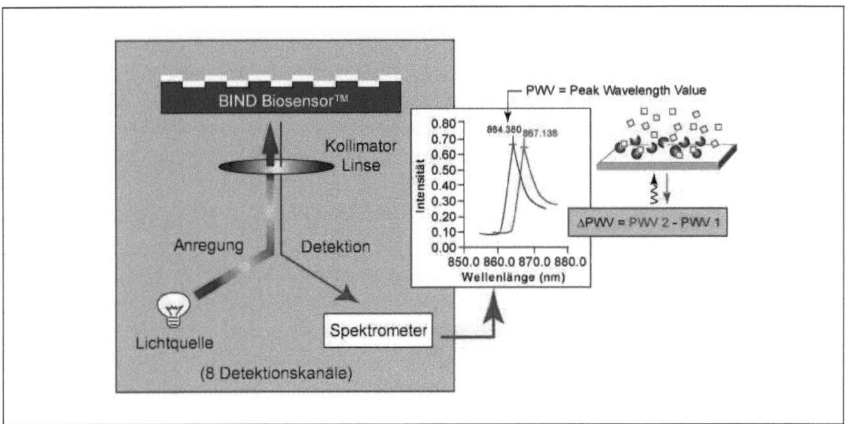

Abbildung 3.6: Schematische Darstellung des Messprinzipes **G**uided **M**ode **R**esonance (GMR). Quelle: SRU Biosystems, Internetauftritt: www.srubiosystems.com

Die Firma SRU Biosystems[2] aus den **U**nited **S**tates of **A**merica (USA) hat mit ihrem Produkt BIND® Reader ein Messgerät auf den Markt gebracht, das mit Hilfe der GMR physiologische Wirkstofftests an bis zu 384 Proben parallel vornehmen kann. Dabei bedient es sich ebenfalls des standardisierten Multiwellplattenformats. Abbildung 3.7 zeigt die beiden verfügbaren sensorbeschichteten Multiwellplatten mit 96 bzw. 384 Kavitäten.

3.3 Resonant Waveguide Grating Sensor (RWGS)

Das in diesem Abschnitt beschriebene Messverfahren ist dem in Abschnitt 3.2 vorgestellten Messprinzip sehr ähnlich. Auch hier wird der Biosensor mit einer Breitbandlichtquelle bestrahlt und das reflektierte Licht detektiert. Die spezifische Wellenlänge des Antwortsignals ist abhängig vom Aufbau des Sensorsubstrates und dessen Brechungsindex sowie von biomolekularen Eigenschaften der zu untersuchenden Probe [43, 44]. Spezielle Oberflächenbeschichtungen des

[2] Internetauftritt: www.srubiosystems.com

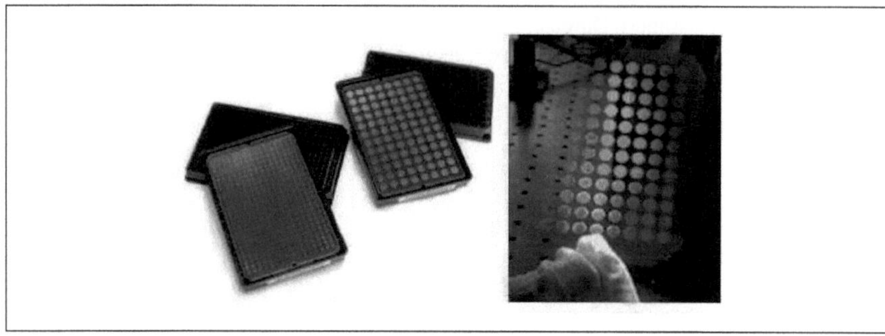

Abbildung 3.7: Sensorbeschichtete Multiwellplatten (96 und 384) des Herstellers SRU Biosystems aus den USA. Quelle: SRU Biosystems, Internetauftritt: www.srubiosystems.com

Biosensoren ermöglichen die kovalente Bindung von Proteinen durch primäre Aminogruppen [45]. Nachdem ein sogenanntes Target auf der Sensoroberseite immobilisiert ist, wird zur Referenzierung der Messsignale eine Baseline-Messung vorgenommen. Durch das Binden von Molekülen an das Target kommt es zu einer lokalen Änderung im Brechungsindex des Biosensors und somit zu einer signifikanten Wellenlängenverschiebung. Auch dieses Messsystem ist sehr sensitiv und kann auf 5 pg/mm^2 auflösen. Das heißt eine Masse von 300 **Da**lton (Da) kann auf einem immobilisierten Target von 70 kDa oder eine kleinere Verbindung von 150 Da bei einem 25 kDa Target detektiert werden.

In einem Bereich von 200 nm oberhalb der Sensoroberfläche können physiologische Änderungen gemessen werden. Auch wenn dadurch nur ein Teil einer lebenden Zelle im Detektionsbereich liegt, so können doch sogenannte Cell-Based Assays mit diesem Messprinzip untersucht werden [46]. Veränderungen innerhalb der Zellen, die eine Verschiebung von endogenen Makromolokülen aus dem Detektionbereich hervorrufen, bewirken eine messbare Wellenlängenverschiebung. Aber auch Änderungen der Zellform aufgrund einer Wirkstoffzugabe lassen sich leicht untersuchen. Abbildung 3.8 zeigt schematisch die Funktionsweise des Messprinzips.

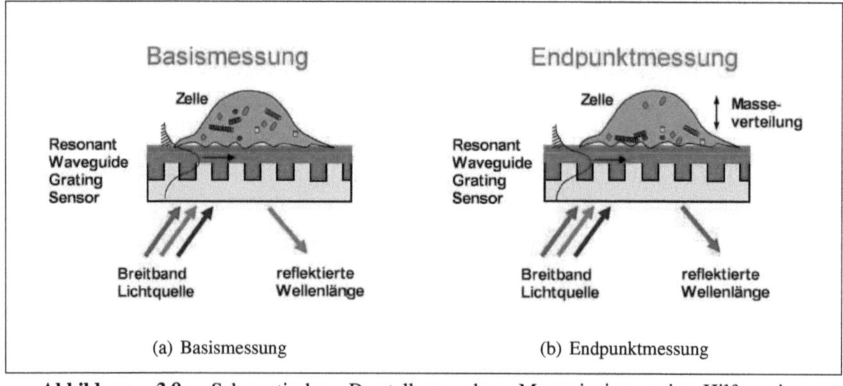

(a) Basismessung

(b) Endpunktmessung

Abbildung 3.8: Schematische Darstellung des Messprinzips mit Hilfe eines **R**esonant **W**aveguide **G**rating **S**ensor (RWGS). Quelle: Corning, Internetauftritt: www.corning.com/lifesciences

Die Firma Corning[3] hat aufbauend auf diesem Sensorprinzip ein Screeninggerät mit dem Namen Epic auf den Markt gebracht, das es ermöglicht, Zellbewegungen und Änderungen der intrazellulären Masseverteilungen zu untersuchen. Der hier verfolgte Ansatz baut ebenfalls auf einer sensorbestückten Multiwellplatte auf. Das Epic System verwendet eine Standardplatte mit 384 Kavitäten, die dadurch auch in anderen Laborgeräten eingesetzt werden kann. Die Sensorfläche ist mit einer Peptidschicht versehen, die ohne weiterer Vorbehandlung sofort einsetzbar ist. Immobilisierte Proteine, Peptide, kleine Moleküle und **D**eoxyribo**N**ucleic**A**cid (DNA)-Fragmente lassen sich so einfach an die Sensoroberfläche binden.

Abbildung 3.9 zeigt das seit 2006 auf dem Markt befindliche Screeninggerät.

Abbildung 3.9: Das von von der Firma Corning angebotene label-free Screeningsystem mit dem Namen Epic®. Quelle: Corning, Internetauftritt: www.corning.com/lifesciences

[3]Internetauftritt: http://www.corning.com/lifesciences/

3.4 Impedanz basierte Sensoren

3.4.1 Cellular Dielectric Spectroscopy (CDS)

Impedanzbasierte Zellmessysteme verwenden Elektrodenstrukturen aus Edelmetallen, um mit Hilfe einer Wechselspannung bzw. eines Wechselstroms den komplexen Widerstand (Impedanz) in der Probe zu ermitteln (siehe Kapitel 8.2.2). Die Firma MDS Sciex[4] aus den USA hat mit ihrem CellKey® System ein Laborgerät zur automatisierten Impedanzmessung an lebenden Zellen auf den Markt gebracht. Folgende Abbildung 3.10 zeigt den Gesamtaufbau aus Pipettiersystem, Temperierung und Messelektronik.

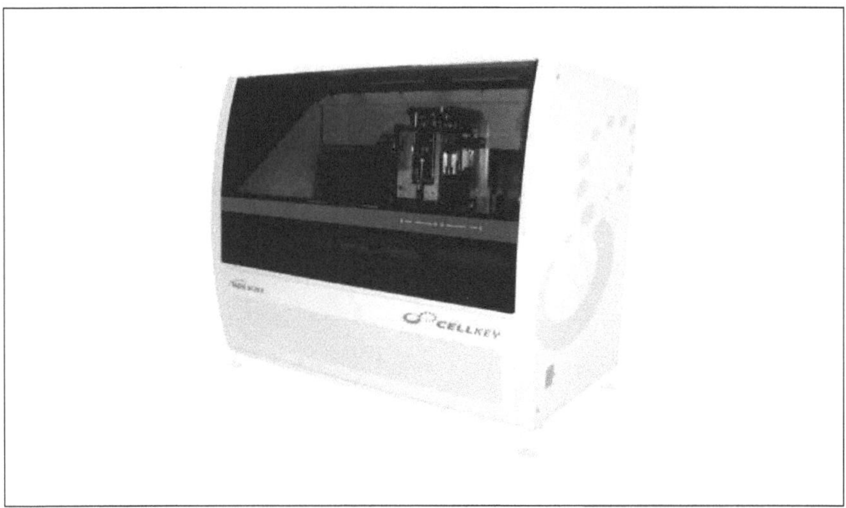

Abbildung 3.10: CellKey® System der Firma MDS Sciex aus den USA. Quelle: MDS Sciex, Internetauftritt: www.cellkey.com

Hier wird als Probenformat eine sensorbestückte Multiwellplatte mit 96 Kavitäten verwendet. Dieses System ist in der Lage, die Impedanz bei verschiedenen Messfrequenzen zu ermitteln. Nach heutigem Wissensstand ist die Eindringtiefe des elektrischen Feldes in die Zelle frequenzabhängig [87, 121, 152]. Folgende Abbildung 3.11 zeigt die frequenzabhängige Parameterbestimmung.

Schlüsselparameter, die bei der Impedanzmessung untersucht werden können, sind die Zelle-Substrat Haftfähigkeit, Änderungen der Zellform und des Zellvolumens sowie Änderungen in den Zelle-Zelle Interaktionen. Diese Faktoren beeinflussen einzeln oder zusammen den extrazellulären und transzellulären Stromfluss sowie die Größe und die Eigenschaften des gemessenen Signals [162, 41].

3.4.2 InterDigitated Electrode Structure (IDES)

Die Firma ACEA Biosciences[5] aus den USA sowie die Firma Bionas[6] aus Rostock, Deutschland, bieten seit kurzem einen 96-Well-Impedanzreader an. Im Unterschied zum CellKey® System der Firma MDS Sciex wird hier auf ein aufwendiges automatisiertes Housing in Form einer

[4]Internetauftritt: www.mdssciex.com
[5]Internetauftritt: www.aceabio.com
[6]Internetauftritt: www.bionas.de

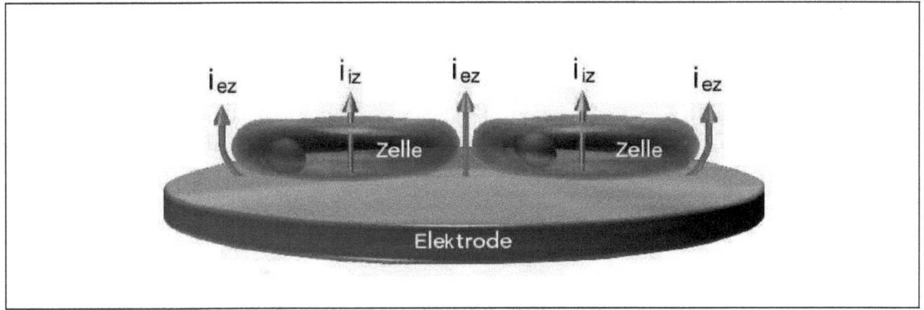

Abbildung 3.11: Lebende Zellen auf einem Impedanzsensor (Sensorstruktur nicht weiter erklärt). Die zu untersuchenden Zellparameter sind frequenzabhängig. Bei einer niedrigen Frequenz können extrazelluläre Parameter (i_ez, extrazellulärer Strom), bei einer hohen Frequenz intrazelluläre Parameter (i_iz, extrazellulärer Strom) untersucht werden. Quelle: MDS Sciex, Internetauftritt: www.cellkey.com [87]

Klimakammer und eines Pipettiersystems verzichtet. Beide Systeme sind in der Lage die Impedanzwerte der lebenden Zellkultur kontinuierlich zu erfassen. Dazu werden IDES als Messelektroden verwendet. Zwei ineinander verschränkte Kammstrukturen, mit einem Fingerabstand von 50 µm bilden hierbei die Sensorfläche (siehe Kabitel 7.3.2) [5, 163, 27, 39]. Im Unterschied zum CellKey® System können die beiden Desktop-Geräte die Impedanz nur bei einer festgelegten Frequenz messen.

3.5 Mikroskopbasierte Messsysteme

Es ist zu erkennen, dass namhafte Hersteller von Mikroskopen ihre bestehenden Systeme an die Anforderungen von Langzeituntersuchungen von Zellkulturen adaptieren. Die Biostation IM® – I steht für „Incubation“ und M für „Monitoring“ – von NIKON[7] vereinigt in einem System sowohl die Technologie für Zell-Inkubationsbedingungen (CO_2, Temperatur, Feuchtigkeit) als auch gleichzeitige Phasenkontrast- und Fluoreszenzmikroskopie für das Aufzeichnen lebender Zellen. Es handelt sich quasi um ein Phasenkontrast- und Fluoreszenzmikroskop im Brutschrank (siehe Abbildung 3.12 (a)).

Durch einen geschlossenen Probenraum ist die Gefahr vor Kontaminationen bei Langzeituntersuchungen minimiert. Die Zellen bleiben über lange Beobachtungszeiträume ungestört in einem optimalen Klima, was für die Konsistenz des Zellwachstums und –verhaltens sehr förderlich ist.

Den gleichen Ansatz verfolgt der japanische Hersteller Keyence[8] mit seinem Modell BZ-8000. Bei diesem Modell kann eine Zellkulturschale in das Gerät eingebracht werden, die dann im Aufnahmeraum temperiert wird. Abbildung 3.12 (b) zeigt die seit kurzem auf dem Markt befindlichen „Life Cell Oberservation“-Systeme.

Alle bisherige auf dem Markt verfügbaren Systeme vereinen in sich verschiedene Technologien zur Untersuchung von Zell- bzw. Gewebeproben. Dabei sind die mikroskopbasierten Systeme am ehesten an die Bedürfnisse einer Langzeitkultur angepasst. Wichtige Kriterien wie Sterilität und Temperierung bieten nur die wenigsten Analysegeräte. Dabei spielt gerade bei in-vitro Untersuchungen mit lebenden Zellen die Simulation des zellphysiologischen Zustandes innerhalb eines Gewebes (in-vivo) eine entscheidende Rolle. Ebenso ist die Kombination von optischen

[7] Internetauftritt: www.nikoninstruments.com
[8] Internetauftritt: www.keyence.de

und sensorgestützten Parametern entscheidend, um die Auswirkungen verschiedener Wirkstoffe auf lebende Zellen genauer bestimmen zu können.

Das in den folgenden Kapiteln beschriebene Analysesystem ermöglicht erstmals mehrere zentrale metabolische bzw. zellphysiologische Parameter unter zellangepassten Bedingungen, gleichzeitig sowie dynamisch und in Echtzeit zu detektieren. Ein Fluidsystem dient der zellversorgung und ermöglicht somit Langzeitversuche über mehrere Stunden oder auch Tage. Dabei können bis zu 24 Tests unter identischen Bedingungen parallel durchgeführt werden.

(a) BioStation IM® von Nikon

(b) BZ-8000 von Keyence

Abbildung 3.12: Mikroskopbasierte „Life Cell Oberservation"-Systeme. (a) Quelle: Nikon, Internetauftritt: www.nikoninstruments.com/biostationct. (b) Quelle: Keyence, Internetauftritt: www.keyence.de

4 Biologische und biophysikalische Grundlagen

Leben, so wie wir es verstehen, und wie es sich vor mehreren Milliarden Jahren auf der Erde gebildet hat, stellt sich als kleinste strukturell abgrenzbare, eigenständige Einheit in Form von Zellen dar. Mikroorganismen wie Bakterien oder Protisten bestehen aus nur einer Zelle und sind doch in der Lage den eigenen Fortbestand durch Nährstoffaufnahme, die Abgabe von Metaboliten und durch Proliferation zu gewährleisten. Bei komplexen Lebensformen wie den Menschen, den Tieren oder den Pflanzen, sind Eukaryoten bzw. Prokaryoten die Bausteine des Organismus. Jeder Zelltyp übernimmt dabei eine spezialisierte Aufgabe und gewährleistet damit das Überleben des Zellverbandes. In den Zellen laufen zahlreiche biochemische Prozesse ab, die dem Stoffwechsel, der Zellatmung und der Ausscheidung von Substanzen dienen. Damit die funktionalen Einheiten in einem derart komplexen, hoch dynamischen System miteinander interagieren können, sind die Zellen in der Lage über Signalstoffe miteinander zu kommunizieren [3, 127]. Untersuchungen haben ergeben, dass bei einer differenzierten eukaryotischen Zelle 10^3-10^4 verschiedene chemische Reaktionen in einem Volumen von wenigen Picolitern gleichzeitig ablaufen können [34]. Bei der Interpretation zahlreicher zellulärer Assays muss berücksichtigt werden, dass die Arbeitsweise der Zelle generell von hoch komplexen Mechanismen paralleler Informationsübertragung und Stoffwechselsignalen gekennzeichnet ist. Um die Entstehungsursachen von Krankheiten in Zukunft genauer zu verstehen und um darauf aufbauend geeignete Therapieansätze zu entwickeln, wird die zelluläre Analytik eine zunehmend wichtigere Rolle spielen.

Sogenannte Cell-based-assays auf der Basis von Mikrosensoren gewinnen immer mehr an Bedeutung und bieten Zugang zu wichtigen zellphysiologischen Parametern. Die dabei verwendeten Sensoren werden mit Methoden aus der Mikrosystemtechnik in planarer Form auf Chip-Substraten hergestellt [23, 22] (siehe Abschnitt 7). Sie können von lebenden Zellen direkt bewachsen werden. Die Sensormessung ist extrazellulär und so angelegt, dass sie keine Beeinträchtigung oder Störung des zellulären Lebens bewirkt. Abbildung 4.1 zeigt den Zusammenhang zwischen zellulärem und mit Hilfe der Chiptechnologie physikalisch messbarem Parameter.

Dieses Kapitel soll Aspekte des Zellmetabolismus anhand der Parameter pH, pO_2 und Zelladhäsion aufzeigen. Beispielhaft werden relevante Mechanismen von Tumoren beleuchtet, da diese unter anderem in das, in folgenden Kapiteln beschriebene, Analysesystem eingesetzt werden können.

4.1 Molekularer Sauerstoff als Indikator

Sauerstoff ist lebensnotwendig für uns Menschen. Dabei steht Sauerstoff den Zellen in Form von Wasser, Kohlendioxid und in vielen organischen Verbindungen zur Verfügung. Viele Organismen sind darüber hinaus auf molekularen Sauerstoff angewiesen. Die Hauptfunktion von O_2 ist die des terminalen Elektronen-Akzeptors in der aeroben Atmung. O_2 wird dabei zu Wasser reduziert (Oxidation) [133].

Bezüglich des Verhältnisses zum Sauerstoff lassen sich drei Hauptgruppen von Organismen unterscheiden:

- Obligat aerobe Organismen gewinnen Energie nur durch Atmung und sind auf O_2 angewiesen.
- Obligat anaerobe Organismen können nur in einem sauerstofffreien Milieu wachsen, O_2 hat hier eine toxische Wirkung.

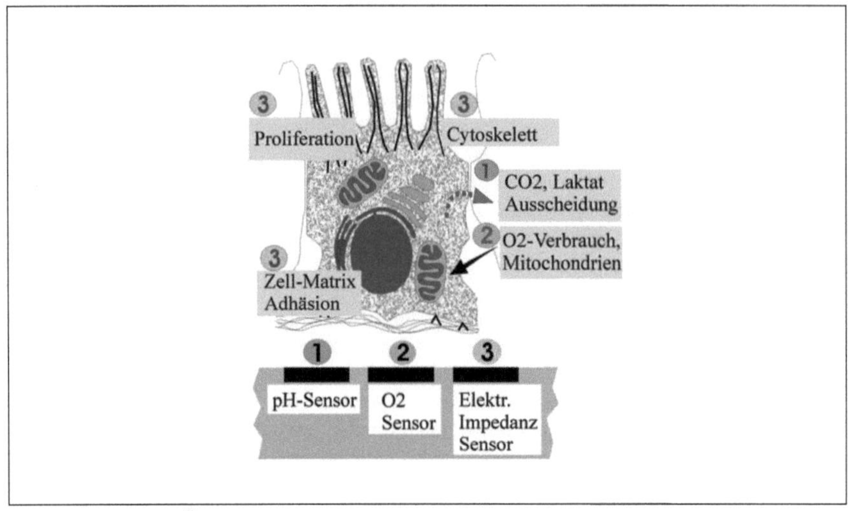

Abbildung 4.1: Überblick über die zellulären Parameter, die mit Sensorchips analysiert werden können [23]

- Fakultativ anaerobe Mikroorganismen wachsen sowohl in Gegenwart als auch in Abwesenheit von O_2.

Letztere Untergruppe lässt sich in zwei Typen einteilen:

- Milchsäurebakterien vermögen zwar in Gegenwart von Luftsauerstoff zu wachsen, können ihn aber nicht nutzen, sondern gewinnen Energie lediglich durch Gärung.
- Andere fakultativ anaerobe Bakterien und viele Hefen können bei O_2-Abwesenheit zur Energiegewinnung von Atmung auf Gärung umschalten.

Unter Gewebeatmung versteht man den Atemgaswechsel innerhalb eines Zellverbandes bei der biologischen Oxidation der Nährstoffe. Dabei wird der Sauerstoff von den Zellen aus dem Kapillarblut aufgenommen und im oxidativen Stoffwechsel (Dissimilation) verbraucht, während gleichzeitig das als Stoffwechselendprodukt freigesetzte Kohlendioxid an das Kapillarblut abgegeben wird. Entscheidend für den Gasaustausch zwischen dem Sauerstofftransporter (Kapillarblut) und dem Gewebe im Organismus ist die Höhe des Sauerstoffpartialdrucks, die Kapillarisierung und die Mikrozirkulation. Für eine geeignete Sauerstoffdiffusion zwischen Blut und Gewebe ist die Anzahl der unmittelbar durchströmten Kapillaren, ihre Länge und ihr Abstand von Bedeutung [127].

Bei der in-vitro Kultivierung von lebenden Zellen stellen diese Faktoren eine untergeordnete Rolle dar, da durch die unmittelbar Präsenz von Nährmedium an der Zelle die Sauerstoffversorgung direkt beeinflusst werden kann.

Unter Bedingungen, die zu einer Einschränkung der O_2-Versorgung führen, kann der Energiebedarf der Gewebe nur zum Teil und nur für kurze Zeit durch anaeroben Metabolismus aufrecht erhalten werden. Eine längere Zeitspanne führt zur Störung der Homöosthase, zur Azidose und schließlich zur Apoptose bzw. Nekrose des betroffenen Gewebeabschnittes [128].

Bei wachsenden Zellverbänden kommt es zu einer stetigen Vergrößerung der Diffusionsstrecken und einer daraus resultierenden Ischämie. Ab einem Abstand von 100 µm zwischen Kapillare und Zelle kommt es zur Gewebehypoxie (Sauerstoffpartialdruck unter Normwert). Bei einer Tumorgröße über 3 mm^3 ist diese Ausdehnung bereits erreicht.

Vaupel et al. [151, 66] konnten durch Untersuchungen zeigen, dass der Sauerstoffgehalt in Primärtumoren, Metastasen und Rezidivtumoren niedriger ist, als in den umliegenden gesunden Geweben. Der normale pO_2-Wert liegt im Gewebe zwischen 24-66 **m**illi **M**eter-Quecksilbersäule (mmHg), wohingegen die meisten Tumore weniger als 20 mmHg aufweisen. Nach Vaupel et al. [151, 66] kann man bei einer Gewebeoxygenierung von unter 10 mmHg bereits von Hypoxie, bei einem Wert unter 2,5 mmHg von Anoxie sprechen.

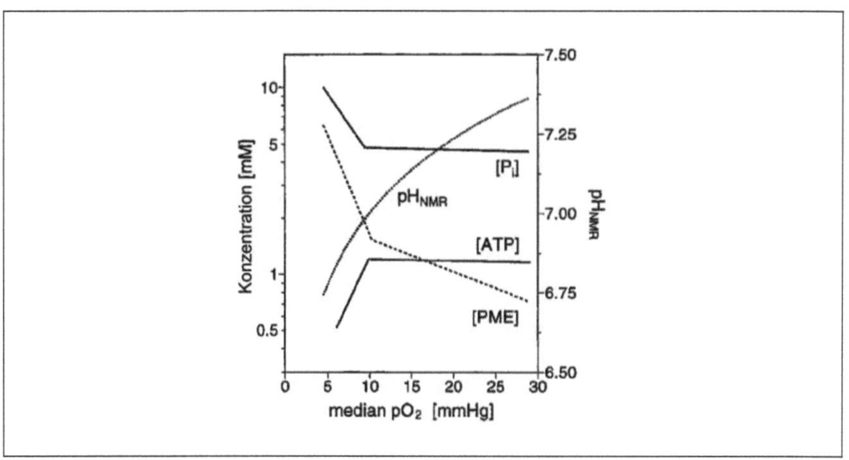

Abbildung 4.2: Durchschnittliche Konzentration von ATP, PME, anorganischem Phosphat (P_i) (linke Ordinate) und intrazellulärem pH (pH_{NMR} gemessen mit ^{31}P Nuklear-Magnetic-Resonance) in FSaII Tumoren (rechte Ordinate) als Funktion über den mittleren Sauerstoffpartialdruck (pO_2) in mmHg [150]

Obwohl der in der Literatur beschriebene Mindestpartialdruck an den Mitochondrien zur Aufrechterhaltung der normalen oxidativen Stoffwechsellage bei ca. 0,5 mmHg liegt (Tabelle 4.1) [66], kann angenommen werden, dass bei einem Abfall des Sauerstoffpartialdrucks sich die Überlebenschancen des Organismus, verglichen mit Tumoren mit höherer Gewebeoxygenierung, verschlechtert.

pO_2 $[mmHg]$	Messobjekt	Bedingungen	Gemessene Parameter
$45-50$	Kapillarblut	Hb-Gehalt $= 140\,g/l$; $MRO_2 = 140\,g/l$ pro min; $TBF = 1\,mL/g$ pro min	O_2-Verbrauch
$8-10$	Gewebe (allgemein)	in-vitro	ATP-Gehalt
$8-10$	Neuroplastome	in-vitro	O_2-Verbrauch
≈ 0.5	isoliertes Mitochondrium	in-vitro	O_2-Verbrauch

Tabelle 4.1: Kritische Sauerstoffpartialdrücke unter dessen Schwellen lebensnotwendige metabolische Stoffwechselreaktionen in soliden Tumoren nicht mehr fortgesetzt werden können. pO_2 = Sauerstoffpartialdruck; mmHg = Millimeter Quecksilbersäule; Hb = Hämoglobin; MRO_2 = Sauerstoffsverbrauchsrate; TBF = Tumor-Durchflussrate; ATP = Adenosintriphosphat

Um die Sauerstoffkonzentration an Tumoren zu erhöhen, reicht es nicht Kapillarblut mit zusätzlichem Sauerstoff anzureichern. Vielmehr muss die Neubildung von Blutgefäßen (Neoangiogenese) und damit eine Zunahme der Durchblutungsgröße erfolgen.

Das erhöhte Vorkommen von VEGF, als Sauerstoff regulierendes Protein, gilt nach Höckel et al. [66] als Zeichen einer gesteigerten Tumoraggressivität in hypoxischen Tumoren. Dies äußert sich durch häufigere Mutationsraten, durch erhöhte Therapieresistenz und malignere Tumorwachstumsmuster.

Bereits 1996 konnten Reynolds et al. [120] den Einfluss einer hypoxischen Atmosphäre auf die Mutationsraten nachweisen. Tabelle 4.2 zeigt die Mutationsraten von LN12 Zellen unter Normbedingungen und Hypoxie.

Wachstumsbedingungen	Hypoxiedauer pO_2 $[mmHg]$	Inkubationszeit	Mutationsfrequenz (x 10^{-5})
Standard Bedingungen	$4h/<1$	eine Woche	1.8
Hypoxie	$4h/<1$	eine Woche	6.3
Hypoxie	$4h/<1$	zwei Wochen	13.6
Hypoxie	$4h/<1$	drei Wochen	10.1

Tabelle 4.2: Durch Hypoxie ausgelöste Mutagenese [120]

Andere Forschergruppen [59] zeigten eine hypoxieabhängige Selektion von apoptotischen Zellen in soliden Tumoren. Die Apoptose ist ein physiologisch stimulierbarer Zelltod, der unter bestimmten Bedingungen (Hypoxie) ein Wachstum verhindern kann. Greaber et al. beobachteten nicht nur unter hypoxischen Bedingungen ein Rückgang des p53-Suppressor-Gens, sondern auch eine übermäßige Expression des Apoptose-Inhibitionsgens. Hiermit konnte gezeigt werden, dass Hypoxie Tumorwachstum unterstützt.

Zytostatika machen sich die schnelle Teilungsrate einer Zelle zu Nutze, um diese zu schädigen. Bei Sauerstoffmangel ist die Zellteilungsrate und somit auch die Wirksamkeit einer Chemotherapie vermindert [161]. Der Erfolg der Chemotherapie, welcher auf der Hemmung des Tumorwachstums basiert, ist in hypoxischen Geweben gemindert. Teicher et al. [145] konnten durch Anheben der Hämoglobin-Konzentration in Patienten mit Chemotherapie mit den Substanzen Cyclophosphamid, Melphalan und Isofosfamid einen Therapieerfolg von 30-50% verzeichnen.

4.2 Intrazelluläre und extrazelluläre pH-Wert Regulation

Bereits im Jahre 1926 wurden von Needham und Needham [103] die auffallende Konstanz des intrazellulären pH-Wertes festgestellt. Die extrazelluläre Ansäuerung und der damit zusammenhängende Protonenfluss durch die Zellmembran ist eine bedeutende Stellgröße bei der Untersuchung metabolischer Regelprozesse bei der Zelle. Der pH-Wert ist ein Indikator für das Wirkverhalten, die Struktur und Funktion fast aller Makromoleküle und Enzyme im Organismus. Die meisten Proteine operieren bei einem ganz bestimmten pH-Wert optimal. Lysosomale Enzyme beispielsweise operieren bei einem niedrigen pH-Wert von etwa fünf optimal, wo hingegen die meisten zytosolischen Enzyme (Enzyme aus dem Zytoplasma) ihr Wirkoptimum bei einem eher neutralen pH-Wert von 7,2 haben. Die Veränderungen von interzellulären pH-Gradienten sowie von unterschiedlichen pH-Potentialen zwischen Zytosol und extrazellulären Raum sind dynamischen Regulationsmechanismen unterworfen und fundamental für das Überleben und Funktionieren der Zelle.

Zwei grundsätzliche Mechanismen sind erforderlich um die permanente Säurebelastung durch H^+ -Ionen zu reduzieren. Dies sind zum einen Protonenpumpen und zum anderen Protonenaustauschmechanismen, die in der Lage sind H^+-Ionen aus dem **Intrazellularraum** (IZR) zu entfernen. Abbildung 4.3 zeigt schematisch die wichtigsten Regulationsproteine.

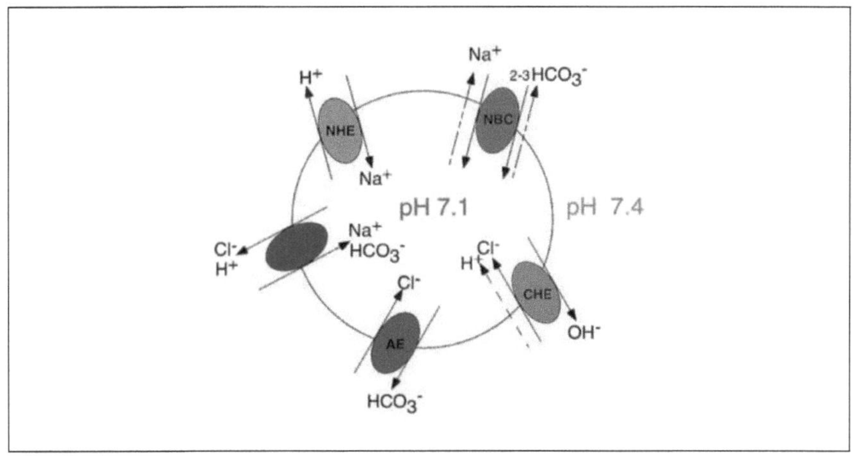

Abbildung 4.3: Schematische Darstellung der wichtigsten pH-Regulationsmechanismen aufgrund von Ionentransport durch die Zellmembran. NBC, Na^+-abhängiger HCO_3^- Kotransport; NHE, Na^+-H^+ Antiport; AE, Anionenaustausch; CHE, Cl^-/H^+ Austausch [114]

Die Zelle bedient sich verschiedener Mechanismen um die eigene pH-Homöostase in Zytosol und Kompartimenten gewährleisten zu können. Im Zytosol kommt es ohne das Wirken von H^+-Ionen-Transportmechanismen zu einer Azidose durch Einwärtsdiffusion oder Produktion von Protonen im Rahmen des Metabolismus der Zelle. Unter bestimmten Bedingungen, wie zum Beispiel beim Glukoseabbau unter Hypoxie, der sogenannten anaeroben Glykolyse, kann es zur Bildung von Laktat kommen, das bei physiologischem intrazellulärem pH-Wert nahezu vollständig dissoziiert. Folglich führt die Produktion von Laktat zur Bildung von H^+-Ionen.

Um H^+-Ionen im Zytosol zu neutralisieren, kann Bikarbonat in die Zelle transportiert werden [137, 114, 68]. Nahezu alle Zellen verfügen über eine oder mehrere Isoformen des natriumgetriebenen H^+-Antiporters (Na^+/H^+-Austauscher) in ihren Zellmembranen [80, 12]. Die Na^+/H^+-Austauscher nutzen die Energie, die im Natriumkonzentrationsgradienten zwischen Extra- und Intrazellularraum gespeichert ist, für einen sekundär aktiven Auswärtstransport von H^+-Ionen. Der natriumabhängige HCO_3^-/Cl^--Austauscher, bei dem Na^+ und HCO_3^- in die Zelle hinein und H^+ und Cl^- aus der Zelle heraus transportiert wird, ist ein weiterer fundamentaler Mechanismus zum Protonentransport und zur Bildung des Membranpotentials [15]. Dieser Antiporter besitzt eine hohe Effektivität, da zum einen Protonen aus der Zelle sezerniert werden, andererseits HCO_3^- in die Zelle aufgenommen und somit ein weiteres Proton neutralisiert werden kann. In Anwesenheit von Bikarbonat besitzt dieser Mechanismus eine große Bedeutung in der pH-Regulation. Bei zunehmender Azidifizierung des Zytosols wird die intrazellulare pH-Regulation gesteigert. In manchen Zellen spielt ein dritter Na^+-abhängiger Transporter eine Rolle in der pH-Regulation. Ein Na^+/HCO_3^- Symport transportiert Natriumionen zusammen mit zwei oder mehr Bikarbonatmolekülen in die Zelle. Bei diesem Symporter gelangen mehr negative als positive Ladungen in die Zelle, daher ist dieser Transporter von der Membranspannung abhängig. Ausser den natriumabhängigen Transportproteinen existieren auch natriumunabhängige Mechanismen. Einerseits ein HCO_3^-/Cl^--Austauscher, der Bikarbonat üblicherweise entlang des elektrochemischen Gradienten aus der Zelle hinaus transportiert [15], wodurch eine Alkalisierung des intrazellularen pH-Wertes verhindert werden kann. Die Aktivität dieses Proteins wird durch Anstieg des pH_i gesteigert und kann so den pH-Wert wieder senken. Andererseits existiert eine natriumunabhängige H^+-ATPase, die überwiegend in den Membranen von Lysosomen und Endosomen zu finden ist. Sie pumpt unter ATP-Verbrauch H^+-Ionen aus dem Zytosol in die genannten Kompartimente und bewirkt dabei den niedrigen pH-Wert in Lysosomen bei Erhaltung des zytosolischen pH-Wertes.

Aber auch weitere wichtige zelluläre Prozesse wie der Zellstoffwechsel, die Ca_2^+-Homöostase [24], die Zellmotilität und -kontraktilität [17], der Zell-Zell-Kontakt [148], sowie die Genexpression [71] und die Apoptose [146] sind stark pH_i abhängig.

Wenn man bei zellulären Untersuchungen auf malignes tumoröses Gewebe zurückgreift, lassen sich auch hier starke Beeinflussungen des pH-Niveaus auf den Metabolismus erkennen. Auch wenn an dieser Stelle noch viele Zusammenhänge bzw. Regelmechanismen noch nicht näher bekannt sind, so lässt sich heute schon sagen, dass ein wesentlicher Unterschied zwischen soliden Tumoren und dem umgebenden Normalgewebe in der Versorgung mit Nährstoffen liegt. Die funktionelle Vaskularisierung in Tumoren ist oft nicht hinreichend groß, um den schnell wachsenden Bedürfnissen von expandierenden Tumorzellpopulation zu entsprechen [144]. Ein daraus resultierender Mangel an Sauerstoff und anderen Nährstoffen führt zum vermehrten Anfall von sauren Valenzen, wie z.B. Kohlensäure oder das durch die anaeroben Glucolyse entstehende Lactat [104], der durch den mangelhaften Abtransport nicht bewältigt werden kann. Das extrazelluläre Milieu in einem Tumor ist in der Regel saurer als bei gesundem Gewebe [56]. Ebenfalls hat sich gezeigt, dass der interstitielle pH in Tumoren mit größerer Entfernung zu Blutgefäßen niedriger wird. Durch den Sauerstoffmangel gehen zunächst apoptose- und nekrosefähige Zellen zugrunde, so dass sich in hypoxischem Tumormaterial ein kollektiv resistiver Tumorkern entwickeln kann [149].

Ein niedriger pH-Wert im intrazellulärem Raum, hat bei Tumoren nicht unbedingt einen erniedrigten pH-Wert im Zytosol zur Folge. In gesundem Gewebe liegt der innere pH-Wert zwischen 6,9 und 7,0, der interstitielle pH-Wert bei 7,2 bis 7,6. In Tumoren liegt dieser Wert zwischen 5,6 und 7,6 [60], wobei es große Tumortyp abhängige Unterschiede gibt. Untersuchungen haben gezeigt, dass der pH-Wert in den Tumorzellen im allgemeinen nicht sauer [124, 16], sondern ganz im Gegenteil eher alkalischer ist, im Vergleich zu nicht entarteten Zellen [56]. Ausgehend von den bisherigen Erkenntnissen kann ein Schluss sein, das Tumorzellen einen effektiveren Mechanismus zum Protonentransport durch die Zellmembran haben, als gesunde Zellen. Assays, die versuchen diese Regulationsmechanismen gezielt zu beeinflussen, können eventuell der Schlüssel bei der Entwicklung neuer Chemotherapeutika sein. Eine Vielzahl von regulatorischen Zusammenhängen in Bezug auf die Protonenbewegung, und den damit zusammenhängenden pH-Wert, könnten genauer beschrieben werden, wenn sie mit einem wie in dieser Arbeit beschriebenen Versuchsaufbau dynamisch und in Echtzeit untersucht werden könnten.

4.3 Die extrazelluläre Matrix und zelluläre Adhäsion

Die Plasmamembran aller biologischen Zellen besteht hauptsächlich aus einer Lipid-Doppelschicht, die bei Frequenzen unterhalb von einigen Kilohertz einen elektrischen Isolator darstellt [41]. Wachsen Zellen also auf einem Sensor, der die Leitfähigkeit des umgebenden Mediums misst, kann man unterschiedliche Bedeckungsgrade der Sensorfläche erfassen. Dies ist die Grundlage der Impedanzmessung als zelluläre Analysemethode.

Lebende Zellen können auf vielerlei Weise auf Stimuli aus ihrer Umwelt reagieren. Eine der am leichtesten nachvollziehbaren Reaktionen ist dabei die Änderung der äußeren Gestalt, da dies schon mit einem Lichtmikroskop erkennbar ist. Gleichzeitig gehören diese aber auch zu den am schnellsten ablaufenden Reaktionen, die überhaupt an Zellen beobachtet werden können. Befinden sich die Zellen dabei im Ausbreitungspfad eines schwachen Wechselstromes, für den die Zellen im unteren Frequenzbereich einen Isolator darstellen [41], so führt jede Änderung der Zellform auch zu einer Änderung der effektiven Impedanz, die der Strom „sieht“ da er sich einen Weg um die Zellen herum suchen muss.

Eukaryontische Zellen tragen auf der Außenseite ihrer Plasmamembran einen Mantel von Glykoproteinen, deren Zuckerketten teilweise weit in den interzellulären Raum ragen [3]. Diese sogenannte Glykokalyx dient den Zellen einerseits als Verankerung in einem Substrat und ihren Nachbarzellen, andererseits aber auch zur Signalübertragung [41]. Für die Impedanzmessung eignen sich vor allem Zellen, die sich in einer angebotenen Oberfläche verankern und dort durch Zellteilung eine möglichst gleichmäßige zusammenhängende Schicht bilden. Verbindungen zwischen den Zellen über die Glykokalyx oder auch Proteine einer extrazellulären Matrix sorgen dabei für die nötige Ordnung [3]. Daher scheinen prinzipiell Epithelzellen, aber auch Fibroblasten, für die Kultivierung auf einem planaren Impedanzsensor geeignet. Idealerweise sollten die Zellen dabei als Monolayer wachsen, das heißt, die auf dem Sensor gebildete Schicht sollte nur eine Zelllage dick sein. So kann der Analyt alle Zellen schnell erreichen und die Reaktion erfolgt mit minimaler Verzögerung.

Die der Impedanzmessung zugrundeliegende Sensorstruktur geht aus den Arbeiten von Ehret et al. hervor [41, 40] und wurden aus elektronenmikroskopischen Studien an Tumorzellen generiert. In Kapitel 7.3.2 wird der Aufbau der IDES sowie dessen Herstellung beschrieben. Im Kapitel 8.2.2 wird das Messprinzip der eingesetzten Impedanzmessschaltung beschrieben.

5 Biophysikalische Grundlagen

Die Biophysik gilt als interdisziplinäre Wissenschaft die Theorien und Methoden der Physik auf Fragestellungen und Probleme der Biologie aber auch der Medizin anwendet. Komplexe biologische Systeme können zur Vereinfachung auf wenige Einflussfaktoren reduziert werden. Abstrahierte Modellvorstellungen von biophysikalischen Vorgängen sind damit leichter verständlich und berechenbar.

Luigi Galvani gilt als einer der Begründer dieses Wissenschaftsbereiches. Vor über 200 Jahren entdeckte er den Einfluss von statischer Elektrizität auf die Muskelkontraktion bei Froschschenkeln und legte damit die Grundlage für die Entdeckung der elektrochemischen Zelle (auch Galvanische Zelle oder Galvanisches Element genannt) durch Alessandro Volta. Durch die Entdeckung wichtiger Grundlagen aus dem Bereich der Chemie, Biologie und Elektrochemie sind viele neue Erkenntnisse und Theorien im Bereich der Biophysik entstanden.

Ziel dieses Kapitels ist es, die physikalischen Grundlagen zu erläutern, die für die Interpretation der in Kapitel 9 dargestellten Messergebnisse von Bedeutung sind.

5.1 Dielektrische Eigenschaften allgemein

Mit den dielektrischen Eigenschaften eines Materials beschreibt man dessen Fähigkeit auf ein elektrisches Feld zu reagieren. Dabei spielen hauptsächlich Polarisationseffekte eine Rolle.

Das dielektrische Verhalten eines Isolators wird durch seine Dielektrizitätskonstante (oder Permitivität) beschrieben, die ein Mass für seine Polarisierbarkeit in einem angelegten elektrischen Feld ist. Die Polarisation ist die Fähigkeit, aufgrund eines äußeren elektrischen Feldes elektrische Dipole auszubilden oder vorhandene permanente Dipole mit statistischer Orientierungsverteilung auszurichten. Die Dielektrizitätskonstante verknüpft die elektrische Feldstärke $\vec{E}$ mit der elektrischen Flussdichte (oder dielektrische Verschiebung)

$$\vec{D} = \epsilon \vec{E} = \epsilon_0 \epsilon_r \vec{E}. \tag{5.1}$$

Hierin ist $\epsilon_0 = 8{,}85 \cdot 10^{-12}$ As/Vm die elektrische Feldkonstante (Dielektrizitätskonstante des freien Raums). ϵ_r wird als relative Dielektrizitätskonstante (oder relative Permittivität) bezeichnet. Im Vakuum ist $\epsilon_r = 1$.

Der Anteil der elektrischen Flussdichte, der nicht durch die Dielektrizitätskonstante im freien Raum verursacht wird, ist die Polarisation $\vec{P}$ des Festkörpers. Unter Berücksichtigung dieser Materialeigenschaft kann die Gleichung 5.1 erweitert werden zu

$$\vec{D} = \epsilon_0 \vec{E} + \vec{P}. \tag{5.2}$$

Grundsätzlich kann zwischen zwei Polarisationsphänomenen unterschieden werden [2, 62].

- Bei der Verschiebungspolarisation kommt es aufgrund des äußeren elektrischen Feldes zu Ladungsverschiebungen in den Atomen oder Molekülen. Die dadurch entstandenen Dipole tragen zur Polarisation des Dielektrikums bei. Mit Hilfe der Clausius-Mossotti-Gleichung kann dieses Phänomen beschrieben werden.
- Bei der Orientierungspolarisation kommt es zu einer Ausrichtung ungeordneter, permanenter Dipole eines Isolators im elektrischen Feld. Dieser Effekt kann mit der Debye-Gleichung beschrieben werden.

5.1.1 Gleichung von Clausius-Mosotti

Betrachtet man zunächst ein einzelnes Atom mit einer kugelsymmetrischen Elektronenhülle um den positiven Kern, so fallen ohne äußeres elektrisches Feld die Schwerpunkte der negativen und positiven Ladung zusammen, das Atom besitzt kein Dipolmoment. Im Feld verschieben sich die negativen Elektronenhülle und der positive Kern um die Stecke s gegeneinander, es ergibt sich ein Dipolmoment $\vec{p} = \vec{s} \cdot q$, wenn q die positive Ladung des Kerns ist. Bei der Verschiebungspolarisation wird das elektrische Dipolmoment durch das angelegte elektrische Feld induziert, indem sich die Elektronenhülle eines Atoms gegenüber dem Kern verschiebt. Ohne Feld ist die Elektronenverteilung kugelsymmetrisch um den Kern, die Schwerpunkte positiver und negativer Ladung fallen zusammen [62].

Wenn α die Polarisierbarkeit eines Atoms bzw. eines Moleküls darstellt, so erhält es durch das an seinem Ort wirksame elektrische Feld $\vec{E}$ ein Dipolmoment [79]

$$\vec{p} = \epsilon_0 \alpha \vec{E}. \tag{5.3}$$

Mit Hilfe des Superpositionsprinzips und der Teilchendichte n ergibt sich die Polarisation

$$\vec{P} = n\vec{p} = n\epsilon_0 \alpha \vec{E}. \tag{5.4}$$

Ist das (mikroskopische) elektrische Feld mit dem (makroskopischen) elektrischen Feld gleichzusetzen, was beispielsweise bei Gasen der Fall ist, erhält man die elektrische Suszeptibilität

$$\chi = n\alpha. \tag{5.5}$$

Bei dichteren Medien muss jedoch das Feld der Nachbarmoleküle berücksichtigt werden, was zu einem Korrekturterm in Gleichung 5.5 führt. Für einen Festkörper gibt die *Clausius-Mosotti'sche Gleichung* die Beziehung zwischen der Dielektrizitätskonstante und der Polarisierbarkeit an:

$$\epsilon = 1 + \chi_e = 1 + \frac{n\alpha}{1 - \frac{1}{3}n\alpha}. \tag{5.6}$$

χ_e ist in vielen Fällen eine Proportionalitätskonstante, die das Verhältnis von dielektrischer Verschiebung (Polarisierung) zu elektrischer Feldstärke angibt. Im Fall von biologischem Material ist sie eine Funktion, die von einer Vielzahl von Variablen abhängen kann. Der Ort, die Frequenz des elektrischen Feldes und die vorhergehende Polarität des biologischen Materials spielen hierbei eine entscheidende Rolle.

5.1.2 Gleichung von Debye

Eine Erweiterung der Gleichung von Clausius-Mosotti stellt die von Debye aufgestellte Beziehung

$$\frac{\epsilon_r - 1}{\epsilon_r + 2} = \frac{N_A}{3\nu_m}\left(\alpha + \frac{|\vec{p}|^2}{3kT}\right) \tag{5.7}$$

dar. ν_m stellt das molare Volumen, $\vec{p}$ das Dipolmoment und N_A die Avogadro-Konstante dar. Der Faktor kT beschreibt die statistische Verteilung der polaren Moleküle, die zur Orientierungspolarisation beitragen [96].

In Gleichung 5.7 vereinigen sich die temperaturunabhängige Verschiebungspolarisation und die temperaturabhängige Orientierungspolarisation. Stoffe mit permanenten Dipolen besitzen ohne äußeres Feld üblicherweise keine äußere Polarität, da die Orientierung der Dipole aufgrund der Wärmebewegung statistisch verteilt ist. Bei Anlegen eines Feldes werden diese Dipole teilweise ausgerichtet, wobei die resultierende Polarität temperaturabhängig ist.

5.1.3 Frequenzabhängigkeit der Polarisation

Wenn sich ein Dielektrikum in einem elektrischen Feld befindet, das sich schnell ändert, sind Polarisationseffekte zu beobachten. Diese sind grundsätzlich mit Masseverschiebungen verbunden, weshalb man erwarten muss, dass Isolierstoffe in elektrischen Wechselfeldern ein frequenzabhängiges Verhalten zeigen. Zwei unterschiedliche physikalische Mechanismen sind bekannt. Zum einen tragen Dipole, zum anderen Ionen- und Elektronenpolarisationen zur Ladungsausrichtung im Dielektrikum bei. Die Ladungs- und Masseverschiebungen sind an eine Rückstellkraft, auch dielektrische Relaxation genannt, gekoppelt, wodurch sich schwingfähige Systeme mit Resonanzabsorptionen ergeben [116, 47, 62].

Wenn man auf der Grundlage von Gleichung 5.1 das zeitliche Verhalten von dielektrischem Material beschreiben, so ergibt sich

$$\vec{D} = T\frac{d\vec{D}}{dt} = \epsilon_s\vec{E} + \epsilon_s T\frac{d\vec{E}}{dt}. \tag{5.8}$$

Hierin ist ϵ_s die Dielektrizitätszahl, die im elektrostatischen Fall beobachtet wird. Bei unendlich rascher Feldänderung ergibt sich die Dielektrizitätszahl

$$\epsilon_\infty = \frac{|\Delta\vec{D}|}{|\Delta\vec{E}|} \tag{5.9}$$

(siehe Abbildung 5.1) [47].

Die elektrischen Eigenschaften von biologischem Material werden ebenfalls von Relaxationsmechanismen beeinflusst. Aus diesem Grund ist es wichtig die Relaxationstheorie genauer zu betrachten. Die elektrische Signalantwort eines Materials auf eine Sprungfunktion, so wie es in Abbildung 5.1 dargestellt ist, charakterisiert die physikalische Flussdichte der Ladung.

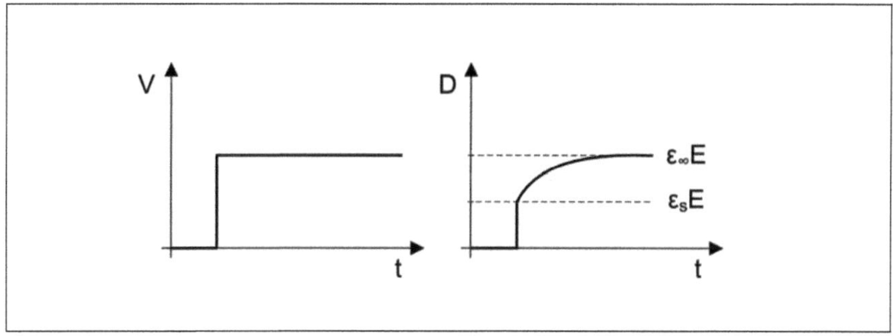

Abbildung 5.1: Sprungfunktion und die entsprechende Signalantwort eines dielektrischen Materials [131]

Die Gesamtpolarisation wird als zeitabhängige Exponentialfunktion ausgedrückt:

$$\vec{D} = \epsilon_\infty \vec{E} + (\epsilon_s - \epsilon_\infty)\left(1 - e^{-\frac{t}{T}}\right)\vec{E} \tag{5.10}$$

Eine weitere Annahme soll sein, dass die Gesamtpolarisation die Summe von verschiedenen Polarisationsbeiträgen bezogen auf verschiedene Sprungfunktionen ist (Hier gilt das Superpositionsprinzip). Die dielektrische Signalantwort der ersten Ordnung im Frequenzbereich kann durch die Laplace-Transformation erreicht werden. Dabei gilt für den resultierenden Dielektrizitätsfaktor

$$\epsilon^* = \epsilon_\infty + \frac{(\epsilon_s - \epsilon_\infty)}{1 + jwT} = \epsilon^{'} - j\epsilon^{''} \tag{5.11}$$

mit dem Real- und Imaginärteil

$$\epsilon^{'} = \epsilon_\infty + \frac{\epsilon_s - \epsilon_\infty}{1 + (wT)^2}\,;\; \epsilon^{''} = \frac{(\epsilon_s - \epsilon_\infty)\cdot wT}{1 + (wT)^2} \tag{5.12}$$

und mit

- ϵ_s : Die Dielektrizitätskonstante im statischen Fall,
- ϵ_∞ : Die Dielektrizitätskonstante bei „unendlicher“ Frequenz.

In Abbildung 5.2 ist der Verlauf des Realteils ($\epsilon^{'}$) und des Imaginärteils ($\epsilon^{''}$) der Dielektrizitätskonstante zu sehen. Es tritt eine verstärkte Dissipation im Bereich um die charakteristische Frequenz $\omega_c = 1/T$ auf.

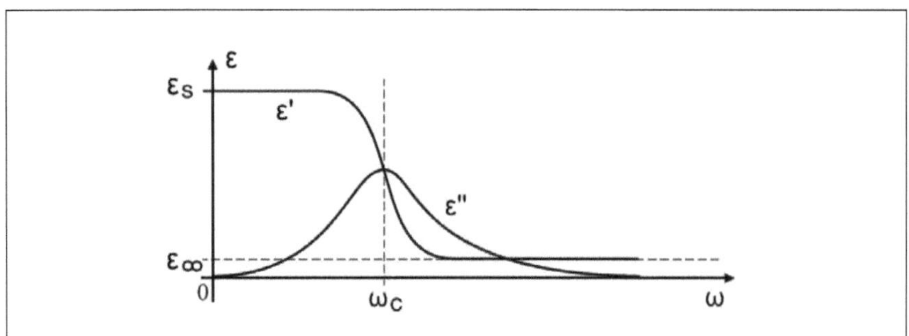

Abbildung 5.2: Verlauf des Real- ($\epsilon^{'}$) und Imaginärteils ($\epsilon^{''}$) der Dielektrizitätskonstante bei einfachen Relaxationsprozessen

Das mit Gleichung 5.11 beschriebene Frequenz- und Zeitverhalten wird als Debye-Fall bezeichnet. Der Debye-Fall kommt in der Natur nur äußerst selten vor. Meist sind die Verlustkurven wesentlich verbreitert und zudem oft asymmetrisch [85]. Die Flanken der Verlustkurven folgen meist Exponentialgesetzen. Zur Erklärung der experimentellen Befunde wird oft eine *Verteilung von Relaxationszeiten* $g(t)$ herangezogen:

$$\epsilon^* = \epsilon_\infty + (\epsilon_s - \epsilon_\infty)\int_{-\infty}^{0} \frac{g(t)}{1 + jwt}dt. \tag{5.13}$$

Die Annahme einer Verteilung von Relaxationszeiten liegt nahe, da t in Abhängigkeit von der mikroskopischen Umgebung des Relaxators lokal variieren sollte. Allerdings ist es meist unmöglich, die sich ergebenden Verteilungen mikroskopisch zu erklären. Oft werden gemessene ϵ^*-Kurven durch einfache Modifikationen von Gleichung 5.11 parametrisiert. Die allgemeinste Form ist die von *Havriliak und Negami* vorgeschlagene [157]:

$$\epsilon^* = \epsilon_\infty + \frac{\epsilon_s - \epsilon_\infty}{\left[1 + (jwT)^{1-\alpha}\right]^\beta}. \tag{5.14}$$

Die Parameter α ($0 \leq \alpha < 1$) und β ($0 < \beta \leq 1$) bestimmen Breite und Asymmetrie der Verlustkurve. Spezialfälle sind die *Cole-Cole-Formel* (symmetrische Verbreiterung) mit $\alpha \neq 0$, $\beta = 1$ und die *Cole-Davidson-Formel* (asymmetrische Verbreiterung) mit $\alpha = 0$, $\beta \neq 1$ (Abbildung 5.3).

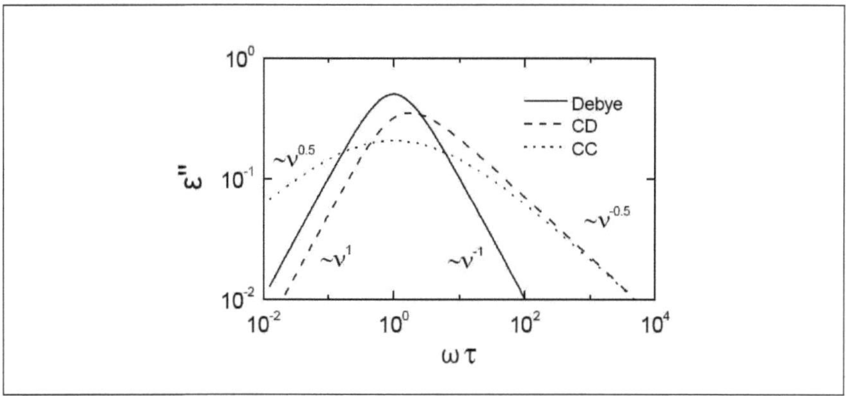

Abbildung 5.3: $\epsilon''(\nu)$ (wobei $\nu = \omega T$) für den Debye-Fall und für die beiden Grenzfälle der *Havriliak-Negami-Formel* (Formel 5.14), die *Cole-Davidson-Formel (CD)* (β = 0,5) und die *Cole-Cole-Formel (CC)* (α = 0,5)

Es muss betont werden, dass Gleichung 5.14 und die davon abzuleitenden Spezialfälle rein phänomenologische Beschreibungen der experimentell gefundenen ϵ^*-Kurven sind, denen keine mikroskopischen Modelle zugrunde liegen. Allerdings ergibt sich so die Möglichkeit einer einheitlichen Parametrisierung dielektrischer Messergebnisse, was eine Voraussetzung für den Vergleich des Verhaltens unterschiedlicher Materialien ist.

5.1.4 Ionenbewegung im Dielektrikum

In biologischem Material dienen die ionisierten Elemente Natrium, Kalium, Calcium und Magnesium, sowie die Verbindungen Chlorid, Phosphat und Hydrogencarbonat als Ladungsträger. Freie Ladungsträger wie etwa in Metallen spielen eine untergeordnete Rolle. Die Leitfähigkeit von Gewebe zeichnet sich durch Hüpfleitungseigenschaften aus, die im wesentlichen „Universal Dielectric Response“ Verhalten aufweist [75]. Es existieren eine große Zahl verschiedener Modellvorstellungen zur Hüpfleitung. Keines dieser Modelle ist allgemein anerkannt. Die größte Verbreitung haben jedoch das „Diffusion Controlled Relaxation“-Modell [42] und das „Jump Relaxation“-Model [52] erlangt.

Ionenleiter zeigen einige frequenzabhängige Besonderheiten, die hier kurz beschrieben werden sollen. Mit abnehmender Frequenz nähert sich der Realteil der komplexen Leitfähigkeit (σ')

zunächst einem **D**irect **C**urrent (DC)-Wert (σ_{DC}) an. Wenn die Frequenz weiter sinkt, nimmt auch $\sigma^{'}$ weiter ab und nähert sich dem Grenzwert 0. Der Realteil der dielektrischen Konstante $\epsilon^{'}$ steigt jedoch stark an. Dieses Phänomen lässt sich auf die Ausbildung blockierender Elektroden zurückführen. Zur Modellierung dieser Elektroden gibt es verschiedene Ansätze. Es lässt sich ein Ersatzschaltbild aus der Probe und einen in Serie geschalteten verlustbehafteten Widerstand erstellen. Erstrecken sich die Beiträge der blockierenden Elektroden über mehrere Frequenzdekaden, versagt dieses Modell und es muss ein sogenanntes **C**onstant **P**hase **E**lement (CPE) herangezogen werden. Liegen mehrere ionenleitende Materialien vor, müssen parallel geschaltete DC-Widerstände und eventuell weitere CPE hinzugefügt werden [95].

5.1.5 Die Cole-Cole-Gleichung und deren Darstellung

Mit den Gleichungen 5.12 folgt:

$$\left(\epsilon^{''}\right)^2 + \left(\epsilon^{'} - \epsilon_\infty\right)^2 = \frac{\left(\epsilon_s - \epsilon_\infty\right)^2}{1 + \omega^2 T^2}. \tag{5.15}$$

Durch Umformen von Gleichung 5.15 gelangt man zu:

$$\left(\epsilon^{'} - \frac{\epsilon_s + \epsilon_\infty}{2}\right)^2 + \left(\epsilon^{''}\right)^2 = \left(\frac{\epsilon_s - \epsilon_\infty}{2}\right)^2. \tag{5.16}$$

Gleichung 5.16 beschreibt einen Kreis mit Radius $\frac{(\epsilon_s - \epsilon_\infty)}{2}$ und Zentrum bei ($\frac{(\epsilon_s + \epsilon_\infty)}{2}$, 0) für $\epsilon^{''} > 0$. Es ist deutlich zu sehen, dass die Punkte (ϵ_∞ , 0) und (ϵ_s , 0) auf der Kurve liegen. Abbildung 5.4 zeigt den durch die Gleichung 5.16 beschriebenen Halbkreis.

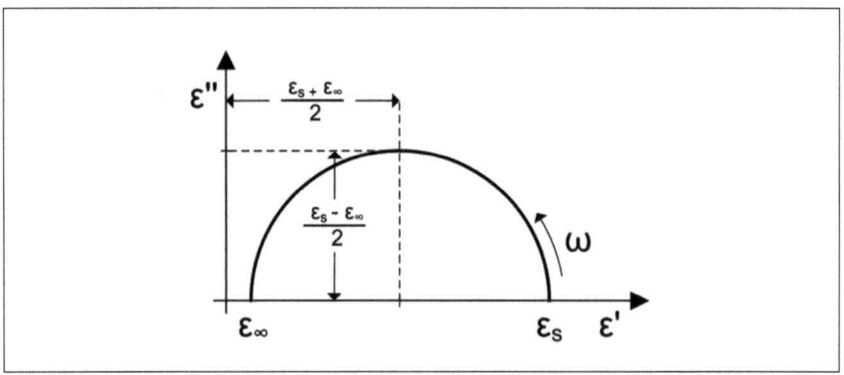

Abbildung 5.4: Die komplexe Dielektrizitätskonstante ϵ^* im Cole-Cole Diagramm [116]

Ein oft beschriebenes Phänomen bei Dielektrizitätsmessungen ist die horizontale Verschiebung der Messkurve. Unter Hinzunahme von Gleichung 5.14 kann diese Charakteristik wie folgt dargestellt werden:

$$\epsilon^* = \epsilon_\infty + \frac{\epsilon_s - \epsilon_\infty}{1 + (j\omega T)^{1-\alpha}}. \tag{5.17}$$

Abbildung 5.5 zeigt den Verlauf der Funktion, wobei $(1 - \alpha)\pi/2$ den Winkel zwischen der Mittelsenkrechten und der Verbindungsgeraden von Kreismittelpunkt und Kreisanfang darstellt.

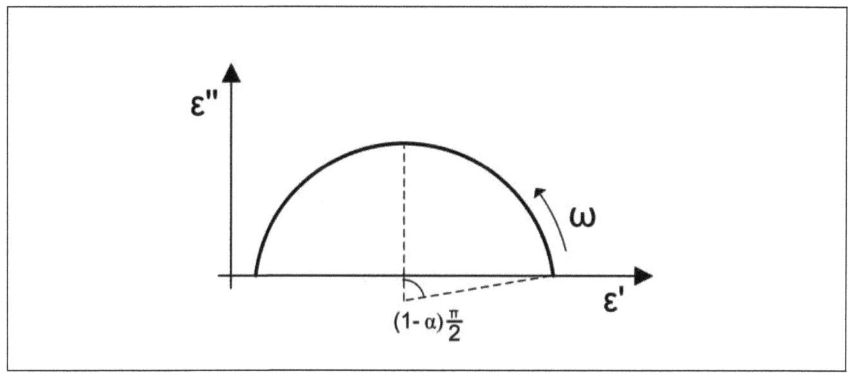

Abbildung 5.5: Die komplexe Dielektrizitätskonstante ϵ^* von biologischem Material im Cole-Cole Diagramm [116]

5.2 Eigenschaften von Körpergewebe

Die Membran biologischer Zellen besteht aus einer Lipid-Doppelschicht, die zunächst einmal einen Isolator darstellt. Sie ist durchsetzt mit einer Vielzahl von Ionenkanälen, über die die Zelle Stoffe mit ihrer Umgebung austauschen kann. Dieser Aufbau erlaubt es, die Zellmembran elektrisch als paralleles RC-Glied zu beschreiben. Typische Werte für Widerstand und Kapazität natürlicher Membranen sind 10^2 bis 10^5 Ωcm^2 und $0,5$ bis $1,3$ $\mu F/cm^2$ [41]. Aus Widerstand und Kapazität der Zellmembran lässt sich berechnen, dass biologische Zellen für Frequenzen bis zu einigen Kilohertz Isolatoren darstellen, der Strom also einen Weg zwischen den Zellen hindurch finden muss. Bei höheren Frequenzen wird die Zellmembran jedoch leitend, sodass der Strom die Zelle quasi ungehindert durchdringen kann. In biomedizinischen Anwendungen wird jedoch meistens nicht eine einzelne Zelle, sondern eine auf einem Sensor kultivierte Schicht von Zellen betrachtet. Idealerweise handelt es sich dabei um ein Monolayer, d.h. eine einzige Lage von Zellen. Es ist jedoch nicht nötig, jede einzelne Zelle elektrisch zu modellieren, denn es hat sich gezeigt, dass sich ein Monolayer von Zellen ebenfalls durch ein paralleles RC-Glied gut annähern lässt [155]. Die Werte für Kapazität und Widerstand in diesem Modell liegen dabei in der gleichen Größenordnung wie die für eine einzelne Membran [154]. Es kann jedoch auch versucht werden, die durch ein Zell-Monolayer gebildete Impedanz anhand einiger Modellannahmen analytisch nachzubilden. Theoretisch ist die Berechnung der Dielektrizität in einem inhomogenen Medium ein komplexes Problem bezüglich der gegenseitigen Interaktion zwischen den Partikeln. Die effektive Mediumtheorie verwendet ein gemitteltes Feld und vernachlässigt lokale Feldeffekte. Umfassende Tabellenwerke mit Messdaten von verschiedenen Geweben bei unterschiedlichen Frequenzen sowie aktuelle Erkenntnisse und Theorien zur Wechselwirkung elektrischer Felder mit biologischem Gewebe finden sich z. B. in [53, 111, 58, 126, 112, 28].

Durch die Maxwell-Fricke-Theorie ist erstmalig die Berechnung einer Nährlösung mit Zellen gelungen. Maxwell bestimmte zuerst die elektrische Feldverteilung durch das Lösen der Laplace-Gleichung einzelner dielektrischer Teilchen. Danach werden die einzelnen Teilchen einem großen Objekt mit der inneren Leitfähigkeit und der Summe aller Einzelleitfähigkeiten gleichgesetzt und die entsprechende Suspensionsleitfähigkeit ersetzt. Die Grundlagen zu diesem Model sind in [50, 49, 51] beschrieben.

5.2.1 Wirkleitwert

Die gemessenen Werte des spezifischen Wirkleitwerts von menschlichem Muskelgewebe im Frequenzbereich der kapazitiven Detektoren bewegen sich in der Größenordnung von 0,11 S/m bei 10 kHz und 0,5 S/m bei 100 kHz (S bezeichnet hier die Einheit Siemens). Das bedeutet, dass ein Literwürfel des Gewebes bei diesen Frequenzen einen Wirkleitwert von 0,011 S bzw. 0,05 S aufweist, was einem ohmschen Widerstand von 90 Ω bzw. 20 Ω entspricht [61].

5.2.2 Dispersion

Unter Dispersion versteht man in der Physik die Abhängigkeit einer Größe von der Wellenlänge. Der Verlauf des Realteils der Dielektrizitätskonstante von biologischem Gewebe über der Frequenz ist in Abbildung 5.6 schematisch dargestellt.

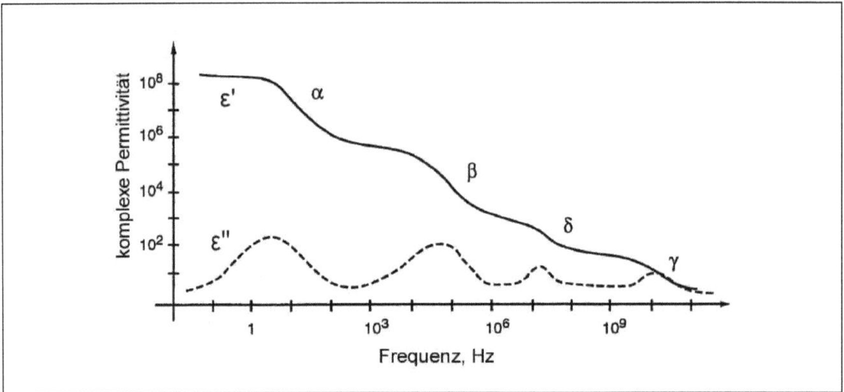

Abbildung 5.6: Schematische Darstellung der vier wichtigsten Dispersionsgebiete in biologischem Gewebe [131]

Während der Wirkleitwert mit der Frequenz wächst, sinkt die Dielektrizitätskonstante mit zunehmender Frequenz. Es lassen sich vier Dispersionsgebiete unterscheiden:

- Die α-Dispersion liegt im Bereich der Audiofrequenzen. Hier treten Diffusionsprozesse von Ionen an elektrisch geladenen Doppelschichten auf [130]
- Die β-Dispersion liegt im Radiofrequenzbereich. Hier wird das dielektrische Verhalten des Gewebes durch den Maxwell-Wagner-Effekt bestimmt, d. h. die Aufladung von dielektrischen Grenzflächen [63, 38]
- Die δ-Dispersion wird durch kleine Zellorganelle wie etwa den Mitochondrien verursacht [96]
- Die γ-Dispersion liegt bei sehr hohen Frequenzen und ist auf die Polarisation des Wassers zurückzuführen [131].

6 Elektrochemische Grundlagen

Sobald eine Metall-Elektrode in eine leitfähige Flüssigkeit (ein Elektrolyt) eingebracht wird, finden an ihrer Oberfläche Prozesse statt, die zu einem elektrochemischen Gleichgewichtszustand führen. Auch ohne Anlegen einer Spannung findet ein Elektronenaustausch zwischen Metall und Elektrolyt statt, der Nettostrom ist jedoch null. Oberflächenatome des Metalls werden ionisiert, indem sie ihre äußersten Elektronen an das Elektrolyt abgeben, und bilden so die positiv geladene innere Helmholtzfläche. Wegen ihres Dipolcharakters lagern sich Wassermoleküle an der somit aufgeladenen Elektrodenoberfläche an und bilden eine teilweise isolierende Schicht (äußere Helmholtzfläche), an der sich wiederum gelöste Ionen anlagern [67, 62]

6.1 Die Doppelschicht-Kapazität

Das einfachste Modell für die Doppelschicht ist die sogenannte Helmholtz-Kapazität C_H. Der Wert dieser Größe hängt vom Abstand der äußeren Helmholtzfläche d und von der Permittivität des Mediums $\epsilon_0\epsilon_r$ ab [62]:

$$C_H = \frac{\epsilon_0\epsilon_r}{d}. \tag{6.1}$$

Wobei hier C_H die Kapazität pro Fläche ist (Einheit F/m^2).

Ein Ansatz von Gouy und Chapman [57], der zwischen 1910 und 1913 entstanden ist, erweitert das Modell der Helmholz-Kapazität unter zusätzlicher Berücksichtigung, dass die Raumladung der Ionen nicht vollständig auf der äußeren Helmholtzfläche konzentriert ist, sondern die Ionenkonzentration mit zunehmender Entfernung von der Elektrode exponentiell abfällt. Die Kapazität pro Flächeneinheit lässt sich folglich zu

$$C_G = \frac{\epsilon_0\epsilon_r}{L_D}\cosh\left(\frac{zeV_0}{2k_BT}\right) \tag{6.2}$$

berechnen. V_0 ist das Potential der Elektrode im elektrochemischen Gleichgewicht, L_D ist die Debye-Länge, die als

$$L_D = \sqrt{\frac{\epsilon_0\epsilon_r k_B T}{2n_0 z^2 e^2}} \tag{6.3}$$

definiert ist. k_B ist die Boltzmannkonstante, T die Temperatur, n_0 die Ionendichte im Medium und z deren Valenz sowie e deren Elementarladung. Das Modell von Gouy und Chapman betrachtet ähnlich wie das Helmholtz-Modell die Doppelschicht als Plattenkondensator mit der Debye-Länge als Plattenabstand, wobei die beweglichen Ladungen durch den cosh-Term berücksichtigt werden. Diese beiden Modelle wurden im Modell von Stern [143] zusammengeführt, das die gesamte Kapazität der Grenzschicht C_{DL} als Serienschaltung von C_H und C_G betrachtet, so dass

$$\frac{1}{C_{DL}} = \frac{1}{C_H} + \frac{1}{C_G} \tag{6.4}$$

gilt. Bei Elektrolyten mit physiologischer Charakteristik ist die Helmholtz-Kapazität viel kleiner als jene nach dem Modell von Gouy und Chapman, weswegen sie in der obenstehenden

Gleichung dominiert. Ein Richtwert von 14 $\mu F/cm^2$ für die Helmholtz-Kapazität einer physiologischen Kochsalzlösung bei 25 °C wird bei Sawyer et al. angegeben [125]. Folgende Abbildung 6.1 zeigt den Aufbau der Doppelschicht und deren Potentialverlauf nach Helmholtz sowie Gouy und Chapman.

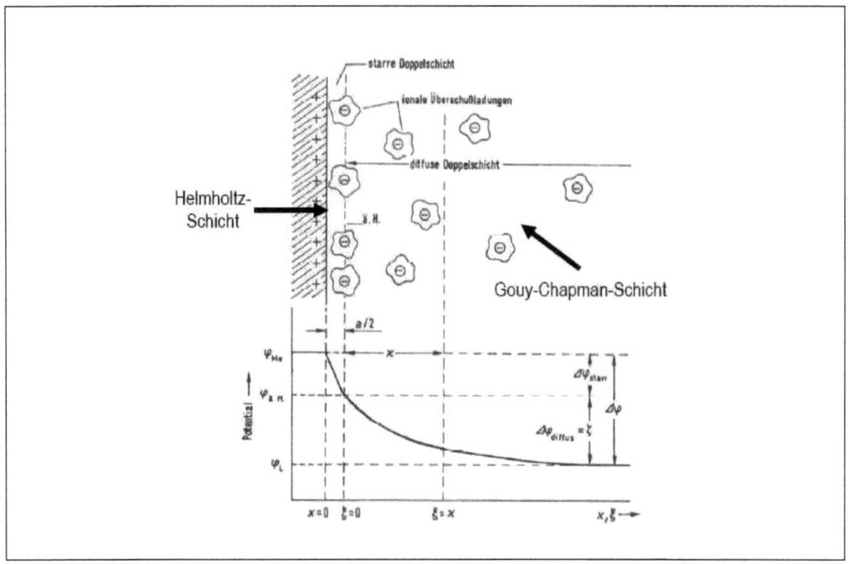

Abbildung 6.1: Schematische Darstellung der Doppelschicht sowie deren Potentialverlauf nach den Vorstellungen von Stern [62]

6.2 Ladungstransfer zwischen Metall und Elektrolyt

Wird eine Spannung an die Metallelektrode angelegt und diese damit aus ihrem natürlichen Gleichgewichtszustand gedrängt, so ändert sich zunächst die Ladung auf dem Doppelschicht-"Kondensator", bis sich ein neues Gleichgewicht eingestellt hat [19]. Wenn die angelegte Spannung ausreichend hoch ist, um Redox-Reaktionen („Elektrolyse“) auszulösen, kann ein Nettostrom zwischen Metall und Elektrolyt fließen. Jedoch kann dieser Strom die Metall-Elektrolyt-Grenzschicht nicht ungehindert passieren. Vielmehr bilden verschiedene Phänomene eine Impedanz, die im Ersatzschaltbild meist parallel zur Doppelschichtkapazität gezeichnet wird. Diese Impedanz wird manchmal als einzige, nichtlineare Faraday-Impedanz repräsentiert, oder aufgeteilt in die Bestandteile Ladungstransferwiderstand und Warburg-Impedanz. Die folgenden Teilabschnitte gehen näher auf beide Teile ein.

6.2.1 Der Ladungstransferwiderstand

Dem Ladungstransport zwischen dem Metall und dem Elektrolyt wird ein gewisser Widerstand entgegengesetzt, der Ladungstransferwiderstand genannt wird. Für kleine Signalamplituden (< 50 mV) und einen Arbeitspunkt der Metallelektrode nahe dem elektrochemischen Gleichgewicht [98] ergibt sich für diesen

$$R_{CT} = \frac{RT}{nFi_0}, \tag{6.5}$$

wobei R die Gaskonstante, T die Temperatur, F die Faraday-Konstante, n die Summe der an der Reaktion beteiligten Elektronen und i_0 die Stromdichte des Ladungstransfers ist. Letztere ist abhängig vom Elektrodenmaterial sowie vom Elektrolyten und bezeichnet die Stromdichte des im Gleichgewicht stehenden Stromes aus Oxidations- und Reduktionsreaktionen zwischen Metall und Elektrolyt.

6.2.2 Die Warburg-Impedanz

Die Ionendiffusion vom Elektrolyt zum Elektroden-Elektrolyt-Übergang findet in einer begrenzten Zeit statt, wobei dies hauptsächlich bei niederen Frequenzen abläuft. Bei ausreichend hohen Stromdichten können die Ionen nicht schnell genug aus dem Medium nachdiffundieren um die Konzentration der Reaktanten an der Elektrode aufrecht zu erhalten [19]. Diese zusätzliche Impedanz wird in einer Serienschaltung mit einem Ladungstransferwiderstand R_{CT} eingebunden (siehe Abbildung 6.3), um die physikalische Diffusion und den Ladungstransfer zu modelieren. Die Warburg-Impedanz besitzt dabei einen konstanten Phasenwinkel von 45° ($\pi/4$) und äußert sich daher im Nyquist-Plot als Gerade mit ebenfalls 45° Steigung, wobei der Betrag der Impedanz mit steigenden Frequenzen abnimmt. Mit Erhöhung der Frequenz wird es immer schwieriger für Ionen, durch das Feld zu dringen. Die Diffusionsreaktion wird somit begrenzt und die Diffusionsimpedanz geht gegen null. Gleichung 6.6 beschreibt die Warburg-Impedanz

$$Z_W = (1 - j)\sigma\omega^{-0.5}. \tag{6.6}$$

Hier ist ω die Winkelfrequenz (s^{-1}) und σ der Diffusionskoeffizient ($\Omega s^{-0.5}$), der als

$$\sigma = \frac{RT}{n^2F^2A\sqrt{2}}\left(\frac{1}{c_0^*\sqrt{D_0}} + \frac{1}{c_R^*\sqrt{D_R}}\right) \tag{6.7}$$

definiert ist, mit der allgemeinen Gaskonstante R, der Faraday-Konstante F, der Anzahl der an der Reaktion beteiligten Elektronen n, der Elektrodenfläche A und den Konzentrationen c sowie den Diffusionskoeffizienten D der Reaktionspartner [62]. Abbildung 6.2 zeigt im Nyquist-Plot das Verhalten von ladungstransfer- und diffusionskontrolliertem Ladungstransport.

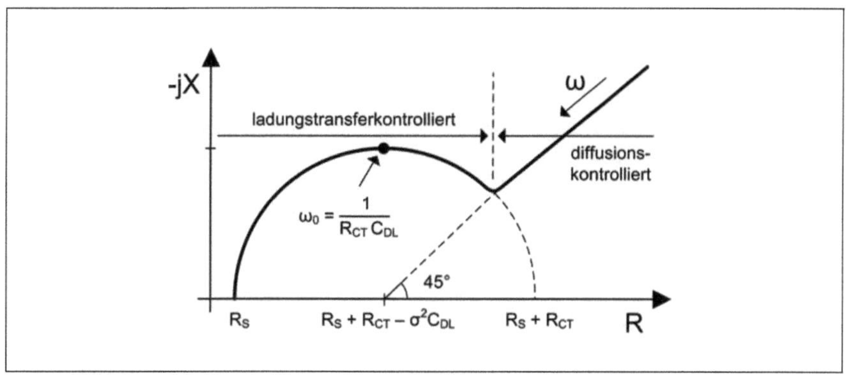

Abbildung 6.2: Nyquist-Plot zur Veranschaulichung von Elektrodenprozessen [98, 62]

6.3 Ladungstransport im Elektrolyt

Der Ladungstransport im Elektrolyt selbst geschieht über Wanderung von Ionen und wird als rein ohmscher Widerstand R_S modelliert. Der Wert für diesen ergibt sich aus der spezifischen Leitfähigkeit κ (oder auch σ), welche der Kehrwert des spezifischen Widerstands ρ ist, und der Geometrie der elektrochemischen Zelle. Die Leitfähigkeit physiologischer Medien beträgt ungefähr 15 mS/cm [41]. Im einfachsten Fall gilt damit

$$R_S = \frac{L}{\kappa A}, \tag{6.8}$$

wobei L die Strecke und A die Querschnittsfläche ist, die vom Strom durchlaufen wird. In realen Anwendungsfällen muss jedoch für L/A statt der echten geometrischen Dimensionen die sogenannte Zellkonstante eingesetzt werden, die für jede Elektrodengeometrie nur anhand eines Elektrolyts mit bekannter Leitfähigkeit ermittelt werden kann [19, 62].

6.4 Modellierung des Metall-Elektrolyt-Übergangs

Wenn die ionisch leitfähige Phase und die elektronisch leitfähige Phase an einer näherungsweise gerade verlaufenden Grenzschicht zusammentreffen, lassen sich die auftretenden Phänomene im Allgemeinen durch das Modell von Randles [117] beschreiben. Es berücksicht alle beschriebenen Mechanismen, die beim Ablauf einer elektrochemischen Reaktion Abweichungen vom Gleichgewichtszustand hervorrufen. Abbildung 6.3 zeigt das entsprechende Ersatzschaltbild. Es berücksichtigt die Leitfähigkeit des Elektrolyts R_S, die Durchtrittsreaktion mit R_{CT}, die elektrochemische Doppelschicht mit C_{DL} sowie die Diffusion von Ionen durch Z_W.

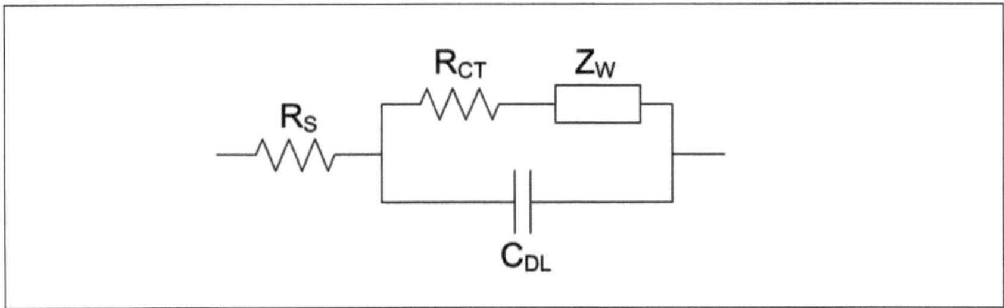

Abbildung 6.3: Ersatzschaltbild des Elektroden-Elektrolyt-Übergangs nach Randel [117]

6.4.1 Ideale Elektroden

Wenn das an die Elektrode angelegte Potential nicht hoch genug ist, um einen nennenswerten Gleichstrom über die Doppelschicht zu erzwingen, sollte theoretisch eine reine Serienschaltung aus Elektrolytwiderstand und Doppelschichtkapazität ausreichen, um das elektrochemische Geschehen zu modellieren. In der Realität lässt sich ein solches Verhalten aber nur bei Elektroden aus flüssigem Quecksilber beobachten, da diese eine vollkommen glatte Oberfläche besitzen [19, 98].

6.4.2 Poröse Metallelektroden

Bei festen Metallelektroden, deren Oberfläche immer eine gewisse Porosität aufweist, trifft dies jedoch nicht zu [98]. Vielmehr ergibt sich hier im Nyquist-Diagramm ein Bild, wie es in Abbildung 6.4 dargestellt ist. Der ohmsche Anteil R_{TOTAL} in diesem Plot repräsentiert sowohl die Leitfähigkeit des Elektrolyts als auch den Widerstand der Elektrode und der Zuleitungen. Die Metall-Elektrolyt-Grenzschicht zeigt ein Verhalten wie ein CPE. Diese Impedanz wird wie folgt definert [98]:

$$Z_{CPE} = K(j\omega)^{-\beta}. \tag{6.9}$$

Der Parameter β liegt im Bereich zwischen 0 und 1 und kann im Allgemeinen ebenso wie der Parameter K nur empirisch bestimmt werden. Ein CPE kann auch als verallgemeinerte Kapazität beschrieben werden. Ein idealer Kondensator hätte ein β von 1, bei der Warburg-Impedanz ist β = 0,5. Für viele Elektroden im biomedizinischen Bereich beträgt β ca. 0,8 [98].

Reale Elektroden werden aber auch durch ein CPE nicht vollständig beschrieben, denn die durch sie verursachte Phasenverschiebung bleibt nicht über das gesamte Spektrum konstant, sondern nimmt mit steigenden Frequenzen ab, so dass sich bei Messungen über einen großen Frequenzbereich statt einer Gerade ein konkaver Verlauf der Impedanz beobachten lässt [98].

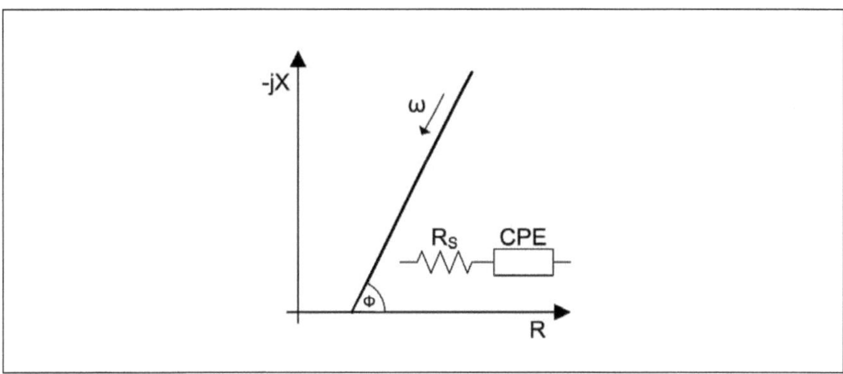

Abbildung 6.4: Typische Hochfrequenz-Impedanzkurve für poröse Metallelektroden. ϕ ist der Winkel zur x-Achse [98]

Mit dieser Modifizierung der Doppelschichtkapazität kann das Ersatzschaltbild der Elektrode als Parallelschaltung vom Polarisationswiderstand und dem CPE beschrieben werden, wie es in Abbildung 6.5 zu sehen ist.

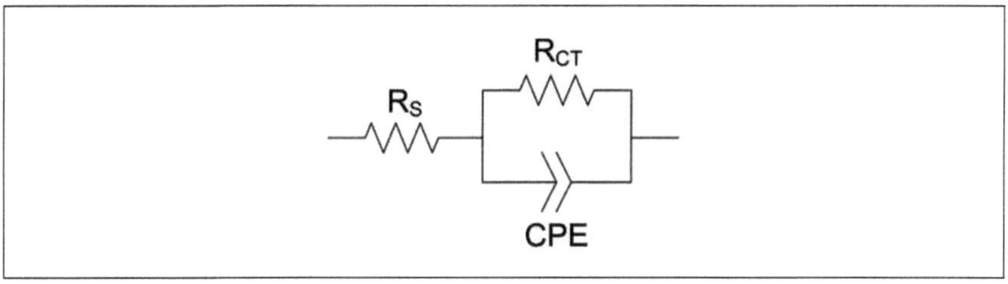

Abbildung 6.5: Ersatzschatbild der Doppelschichtkapazität mit dem Konstant-Phasen-Element [98]

7 Aufbau und Systemtheorie der sensorbestückten Multiwellplatte

Das Herzstück des in dieser Arbeit beschriebenen Screeningsystems ist eine sensorbestückte Multiwellplatte: **S**ensor **B**ased **M**ikrowellplate (SBM) [90, 91]. Abbildung 7.1 zeigt eine in das Analysesystem eingesetzte SBM.

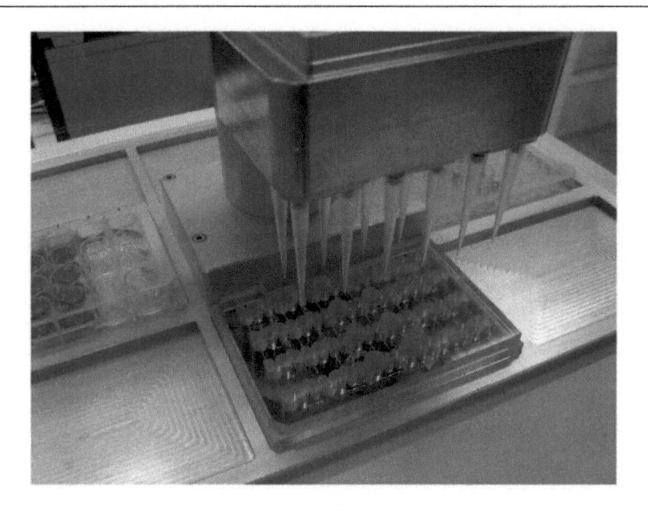

Abbildung 7.1: Eine in das Analysesystem eingesetzte und kontaktierte SBM. Von oben wird die Messplatte mit Hilfe eines Pipettierroboters mit Medien versorgt

Multiwellplatten[1], egal ob mit oder ohne Sensorstrukturen, sind aus dem heutigen Laboralltag nicht mehr wegzudenken. Viele Laborgeräte der neuesten Generation können mit ihnen bestückt werden und sind damit in der Lage, Messverläufe hoch parallelisiert zu bearbeiten. Dabei reicht die Palette der verfügbaren Kavitäten innerhalb einer Multiwell- bzw. Mikrotiterplatte von 6 bis 1536.

Bei zellulären Messungen ist eine angepasste Zellumgebung von entscheidender Bedeutung, um zum einen das Überleben der Kultur zu ermöglichen und zum anderen den Einfluss von äußeren Wirkstoffen auf den zellulären Signalfluss detektieren zu können. Allgemeine ist es wünschenswert, den zellphysiologischen Zustand innerhalb eines Gewebes nachzuahmen. Anders ausgedrückt sollten die in-vitro-Bedingungen möglichst den in-vivo-Bedingungen entsprechen. Auch wenn diese Aspekte bei der in-vitro-Diagnostik im Detail nicht zu realisieren sind, so lassen sich die wichtigsten Umgebungsparameter wie folgt zusammenfassen:

- ideale physiochemische Eigenschaften des Kulturmediums
- angepasste und stabile Temperatur
- hohe Sterilität, um die Kultur vor Kontaminationen zu schützen
- ausreichende Zellzahl, um das in-vivo Sozialgefüge nachzubilden
- geeignete und stabile Nährstoffversorgung

[1]Multiwellplatte: Messplatte mit mehreren Reaktionsgefäßen (Wells)

Die physiochemischen Eigenschaften des Zellkulturmediums beinhalten pH-Stabilität, ausreichend hohen Sauerstoffpartialdruck, Osmolarität und eine definierte Konzentration von Nährstoffen.

Im Verlauf der Zellkultivierung fallen metabolische Abfallprodukte sowie sekretierte Signalstoffe (z.B. Proteine) im Kulturmedium an. Eine ideale Messumgebung muss nicht nur in der Lage sein, den Abtransport von Abfallprodukten zu ermöglichen, sondern sie muss Messsysteme bei der Quantifizierung von Änderungen im Kulturbereich unterstützen.

Gerade bei Langzeituntersuchungen ist ein Fluidsystem zur Regulation der physikalisch-chemischen Parameter und der Wirkstoffkonzentrationen erforderlich. Dabei ist darauf zu achten, dass die Zellen von einem geschlossenen Mikrovolumen umgeben sind, auf das die gemessenen Parameter referenziert werden können. Wenn bei einer Versuchsanordnung die Zellzahl und das Volumen der Messkammer bekannt sind, können die gemessenen Parameter auf Volumeneinheiten kalkuliert werden [107, 162].

Die in diesem Kapitel beschriebene sensorbestückte Multiwellplatte vereinigt die oben angeführten Aspekte in sich. Dabei wird die geeignete Nährstoffversorgung bzw. die Wirkstoffzugabe und die Einstellung der Reaktionskammer durch das eigens entwickelte Drei-Kammer-System (siehe Abschnitt 7.4) bewerkstelligt [90, 91]. Die Messplatte ist einzigartig in ihrem Aufbau und wird in dieser Arbeit erstmalig vollständig beschrieben. Konzeptionell gesehen ist die SBM das Bindeglied zwischen drei in ihr operierenden Systemen:

- das System der Zellkultur
- das Fluidsystem (Drei-Kammer-System)
- das Messsystem zur Erfassung der Zellparameter (Sensorik)

7.1 Überblick

Die SBM besteht aus einem oder mehreren Sensorchips und einem Polymerblock mit integrierter Mikrofluidik (Drei-Kammer-System). Insgesamt stehen 24 identische, parallel angeordnete Messkammern pro Platte zur Verfügung. Um einen geeigneten Aufbau der SBM zu finden, wurden mehrere Ansätze verfolgt. Entscheidend hierbei ist die Auswahl der verwendeten Materialien. Alle verwendeten Komponenten mussten nicht nur den Biokompatibilitätstest bestehen, günstig verfügbar und gut bearbeitbar sein, sondern auch den Schnittstellenbedingungen zu den Ausleseeinheiten (Messelektronik) genügen. So kam zum Beispiel als Sensorsubstrat nur ein hoch transparentes Material wie etwa Glas in Frage, da ein wichtiger Teil der Messdatenerfassung auf optischen Detektionsverfahren beruht. Abbildung 7.2 zeigt die aktuelle Version der Platte, auf deren Basis die in Kapitel 9 dargestellten Messergebnisse beruhen.

7.2 Vorarbeiten

Schon im Jahr 1998 wurden kontinuierliche Messungen an Zellkulturen mit einem wie in Abbildung 3.1 dargestellten Messaufbau (Doppelkammer) vorgenommen. Dieser Ansatz geht auf das sogenannte **P**hysio**C**ontrol **M**icrosystem (PCM) [162] zurück. Es besteht aus einem Metallrahmen, in dem zwei multiparametrische Glas-Sensorchips (siehe Abbildung 7.4) in zwei getrennten Zellkulturkammern untergebracht sind. Diese Besonderheit erlaubt es, bei jedem Versuch gleichzeitig eine Referenzmessung unter identischen Bedingungen durchzuführen. Der kreisförmige Zellkulturbereich in jeder Kammer mit einer Fläche von 180 mm^2 wird hier von oben durch einen Perfusionskörper aus Plexiglas abgeschlossen, durch den frisches Medium zu- und verbrauchtes abgeführt werden kann. Zusammen mit dem Glaschip, der den Abschluss nach

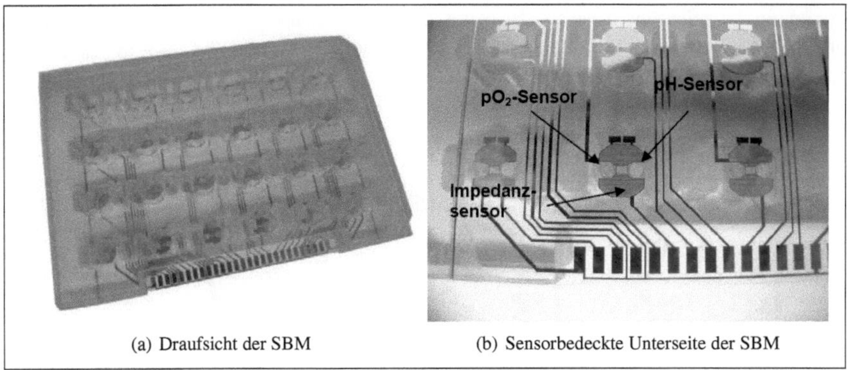

(a) Draufsicht der SBM (b) Sensorbedeckte Unterseite der SBM

Abbildung 7.2: Aufbau der sensorbestückten Multiwellplatte (SBM) mit integriertem Mikrofluidsystem zur Zellversorgung [90, 91]

unten bildet, entsteht so ein Kammervolumen von ca. 180 µl, das bei Verwendung eines Dichtungsringes zwischen Perfusionskörper und Teflon-Einsatz nochmals auf ca. 430 µl ansteigt. In Abbildung 7.3 ist der schematische Aufbau einer Messkammer mit Fluidik veranschaulicht.

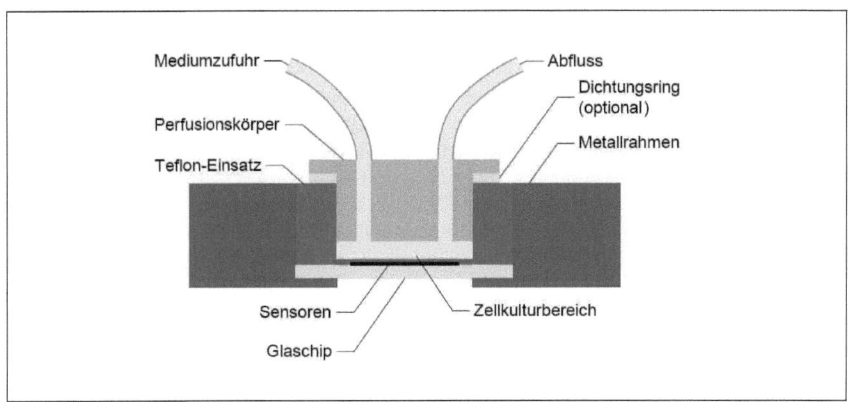

Abbildung 7.3: Schematischer Aufbau einer Zellkulturkammer im Doppelkammersystem (Querschnitt) [162]

Eine Schlauchquetschpumpe bedient die Anschlüsse, um die Zellkulturkammern über zwei getrennte Pumpkanäle individuell mit frischem Medium bzw. Wirkstoffen zu versorgen.

7.3 Sensorik

Aufbauend auf langjährigen Erfahrung im Bereich der Zellchip-Technologie wurden am Heinz Nixdorf Lehrstuhl für Medizinische Elektronik der Technischen Universität München unter der Leitung von Herrn Prof. Dr. Bernhard Wolf Versuche mit verschiedenen Sensorstrukturen auf verschiedenen Sensorsubstraten durchgeführt. Die ersten funktionsfähigen Biochips waren aus Silizium und entstanden im Jahre 1998 [162, 142]. Es folgten Versuche mit Sensorchips auf Glas- und Keramiksubstraten mit elektrochemischen Sensoren zur pH-Wert-, Sauerstoffsätigungs-, Temperatur- und Adhäsionsmessung [119].

Abbildung 7.4 zeigt eine Auswahl der heute verfügbaren Sensorsysteme zur Messung zellmetabolischer Parameter auf verschiedenen Trägermaterialien.

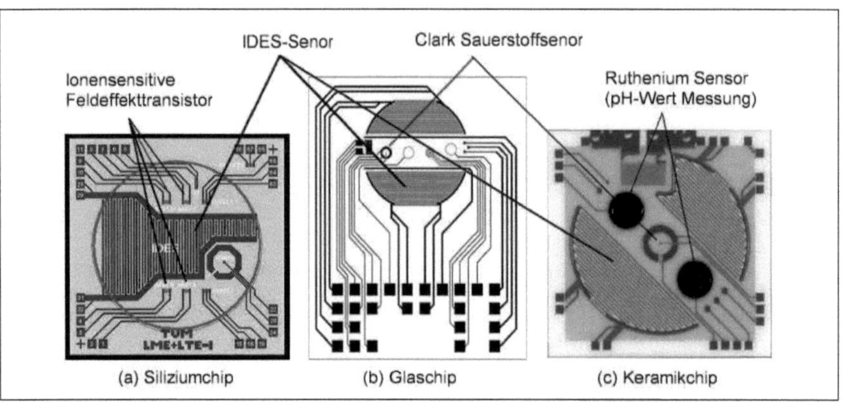

Abbildung 7.4: Drei verschiedene Sensorarrays auf unterschiedlichem Trägermaterial [22, 23]

7.3.1 Verschiedene Chipvarianten und deren elektrische Kontaktierung

In diesem Abschnitt soll nicht näher auf die Funktionsweise der verschiedenen Sensorsysteme, wie sie in Abbildung 7.4 dargestellt sind, eingegangen werden. Die Abbildung dient lediglich der Veranschaulichung verfügbarer Biochips mit planaren Sensorstrukturen, wie sie heute zu Forschungszwecken eingesetzt werden [119, 22]. Vielmehr soll hier der innerhalb der SBM verwendete Biosensorchip beschrieben und dessen Unterschied zu bisherigen Aufbauten veranschaulicht werden. Abbildung 7.5 zeigt das auf Glassubstrat verwendete Chiplayout (Einzelchip-Variante). Zu sehen ist eine **I**nter**D**igitated **E**lectrode **S**tructure (IDES) [40] zur Messung von Adhäsionskräften sowie zwei optische Sensoren zur Messung des pH- bzw. des pO_2-Wertes [156, 72, 73].

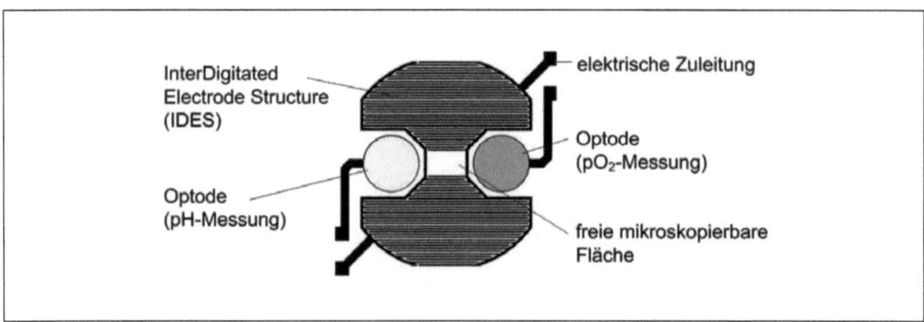

Abbildung 7.5: Multiparametrischer Biosensorchip (schematische Darstellung) zum Einsatz in der SBM zur Messung zellmetabolischer Parameter (8,1 x 8,1 mm) [90]

Mit Hilfe der Firma Heraeus Sensor Technology GmbH sind zwei prinzipielle Varianten der Sensorchips für die SBM entwickelt worden:

- Variante 1: Arrayvariante (hier besteht der Biosensorchip aus einer Glasplatte mit 24 Sensorstrukturen).

- Variante 2: Einzelchipvariante (jede Messkammer innerhalb der SBM wird durch einen Sensorchip abgeschlossen. Für den Aufbau einer SBM werden 24 Stück benötigt).

Bei der ersten Variante werden die optischen Sensoren und sämtliche Leiterbahnen aus Dünnschichtplatin auf eine Bodenplatte aus Glas aufgebracht. Der Vorteil dieser Variante ist die relativ schnelle Verfügbarkeit einer technischen Lösung und die Tatsache, dass nur wenige Teile miteinander verklebt werden müssen. Nachteilig sind die hohen Kosten, da die gesamte Fläche der Multiwellplatte durch den Dünnschichtfertigungsprozess geführt werden muss und die Kosten proportional mit der Größe der prozessierten Fläche steigen (siehe Abbildung 7.7).

Bei der zweiten Variante wird die Multiwellplatte nicht mit einer gemeinsamen Bodenplatte für die 24 Wells (Reaktionsgefäße) verklebt. Stattdessen wird jedes Well einzeln mit einem Sensorchip bestückt, (siehe Abbildung 7.5). Die Kontaktierung erfolgt über eine Platine, auf der die Leiterbahnen von den einzelnen Sensorchips zur Kontaktleiste geführt sind.

Während der Entwicklungsphase haben sich von jeder Variante jeweils ein bis zwei Versionen als realisierbar und praktikabel herausgestellt, die im Folgenden weiter optimiert wurden. Der Schwerpunkt lag hierbei auf der Optimierung der Arrayvariante (Variante 1). Bei geringem Preisdruck und einer geringen Stückzahl, wie sie für die Erprobungsphase zu erwarten ist, ist dies aufgrund der einfacheren Montage die bevorzugte Variante.

Arrayvariante

Bei der Arrayvariante handelt es sich um ein mit Platin strukturiertes 4 x 4-Zoll-Glassubstrat, aus dem die Bodenplatte herausgesägt und mit dem Kunststoffkörper verklebt wird (siehe Abbildung 7.6).

Es wurde ein Design erstellt, bei dem die Zuleitungen eine geometrisch günstige Anordnung aufweisen. Die für alle Wells gemeinsame Zuleitung ist als umlaufende Leiterbahn um die einzelnen Wells gestaltet. Auf diese Weise wurde mehr Raum für die Kontaktpads geschaffen. Diese können nun vergrößert werden, was die Kontaktierung mit Federkontaktstiften und den späteren Einsatz vereinfacht. Abbildung 7.7 zeigt das Chiplayout. Im Design ist an der Längsseite die Kontaktleiste mit den einzelnen Pads zu erkennen, auf der über Federkontaktstifte die elektrischen Signale abgegriffen werden.

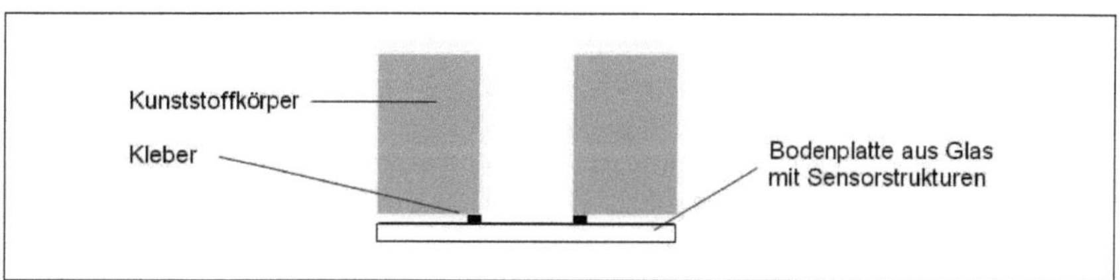

Abbildung 7.6: Arrayvariante: Querschnitt durch ein Well der SBM in der Arrayvariante [4]

Einzelchipvariante

Zum Aufbau der SBM mit Hilfe von Einzelchips (Einzelchipvariante, siehe Abbildung 7.5) wurden verschiedene Versionen erarbeitet. Eine Version mit Bodenplatine zur elektrischen Signalführung wurde realisiert und liegt als Muster vor (siehe Abbildung 7.8). Hier wurden zunächst die 24 einzelnen Sensorchips über einen Pick-and-Place-Prozess auf den Kunststoffkörper gesetzt. Auf diesem wurde über Siebdruck oder über einen Dosiervorgang ein kurzes Stück Leiterbahn je Anschluss mittels Leitkleber aufgebracht. Diese stellt die Verbindung vom Chip

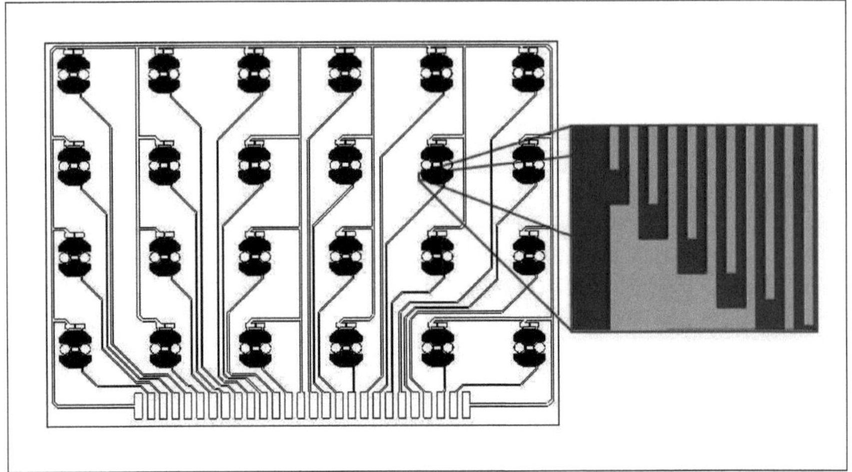

Abbildung 7.7: Arrayvariante des multiparametrischen Biosensorchips zur Messung zellmetabolischer Parameter. Zu sehen sind die einzelnen IDES aus Platin mit einem Fingerabstand von 50 µm (optische Sensoren sind nicht aufgebracht) [4]

zur Platine dar. Die Sensorchips wurden nun mit einem durchsichtigen und biokompatiblen Montagekleber mit dem Kunststoffkörper verklebt. Nach Aushärten des Klebers erfolgte die Montage der Platine. Auf diese wurde zunächst Leitkleber siebgedruckt, dann wurde sie mittels Montagekleber mit dem Kunststoffkörper verklebt. In den Abbildungen 7.8 und 7.9 ist der Aufbau zu sehen.

Als problematisch stellten sich hierbei die uneinheitlichen Widerstandswerte von elektrischen Verbindungen (Silberleitkleber) zwischen Platine und Glaschip und die Ablösung von einzelnen Chips heraus. Daher wurde der Arrayvariante trotz höherer Herstellungskosten zunächst der Vorzug gegeben.

7.3.2 InterDigitated Electrode Structure (IDES)

Eine IDES besteht aus zwei kammartigen Elektroden (Finger-Kondensator), die ineinander verschränkt sind, sich jedoch nicht berühren. Der Fingerabstand beträgt 50 µm. Dieser planare Sensor bildet eine große sensitive Fläche, auf der morphologische Untersuchungen mit Hilfe einer Impedanzmessung möglich sind [61, 40, 41]. Details zu den Messparametern befinden sich in Kapitel 8.2.2.

Sowohl bei der Einzelchip- als auch bei der Arrayvariante bestand anfangs das Problem der unzureichenden Haftung der Platinschicht auf dem Glasträger. Bei Experimenten mit lebenden Zellen in Nährmedium wurde nach einigen Tagen die Ablösung von Platinstrukturen vom Glas beobachtet, wenn diese ohne Haftvermittler aufgetragen wurden. Außerdem ließ sich das Platin relativ leicht mit einer Kunststoffpinzette mechanisch entfernen. Versuche mit verschiedenen Haftvermittlern wurden vorgenommen. Die Beschichtung mit Platin erfolgte im direkten Anschluss an die Aufbringung der Haftvermittlungsschicht. Einige Haftvermittler führten im Fertigungsprozess nicht zu dem gewünschten Ergebnis. Schon während der Fertigung kam es stellenweise zu Schichtablösungen, wie sie auf dem Foto in Abbildung 7.10 zu sehen sind.

Es konnte jedoch ein geeigneter Haftvermittler gefunden werden. Vorversuche zeigten, dass so-

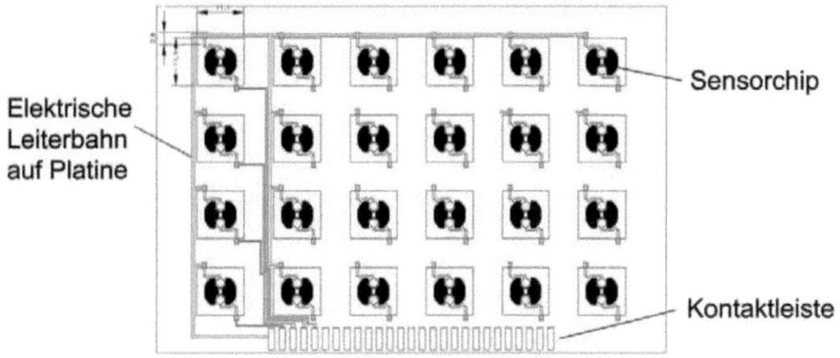

(a) Anordnung der Einzelchips und Leiterplatine auf der SBM Unterseite

(b) Photographie der SBM mit 24 Einzelchips

Abbildung 7.8: Unterseite einer SBM in der Einzelchiplösung mit Kontaktplatine

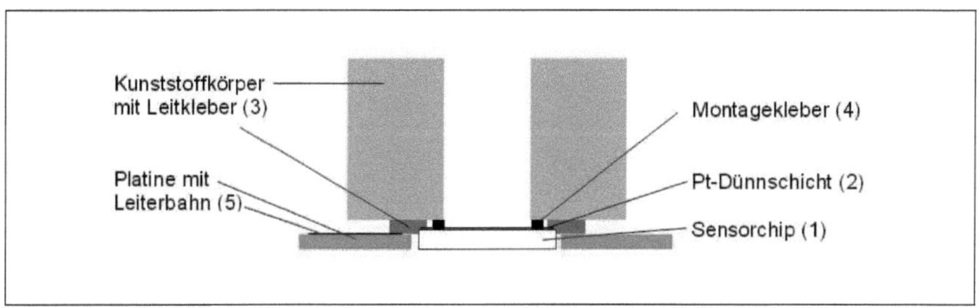

Abbildung 7.9: Querschnitt durch ein Well der SBM in der Version mit Leiterplatine. Die Zahlen in Klammern geben die Reihenfolge im Prozessablauf an (1 bis 5) [4]

wohl vor dem Strukturieren, d.h. direkt nach dem Aufbringen der Pt-Dünnschicht als auch nach dem Strukturieren, d.h. nach dem nasschemischen Entfernen des Fotolacks ein Temperschritt notwendig ist.

Folgende Liste zeigt die einzelnen Prozessschritte zur Herstellung der IDES auf Glassubstrat.

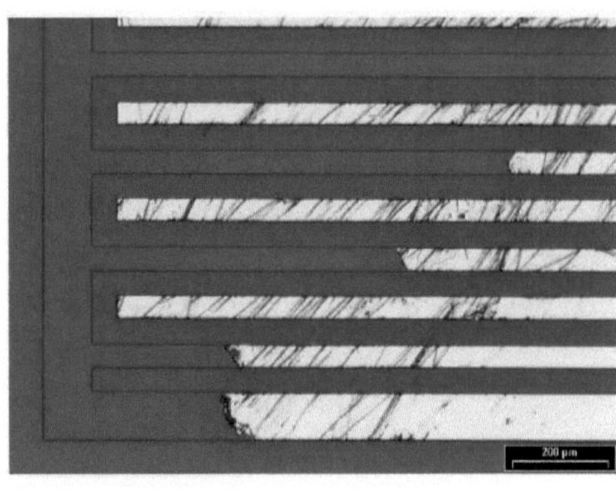

Abbildung 7.10: Foto eines Chipausschnitts. Pt-Elektrodenstrukturen haben sich bei der Verwendung eines Haftvermittlers teilweise vom Substrat abgelöst [4]

- Glassubstrate kennzeichnen und Waschen
- Tempern
- Haftvermittlungsschicht
- Waschen
- Platin beschichten
- Tempern
- Fotoprozess
- Entfernen des Fotolacks
- Tempern
- Waschen
- Sägen
- Waschen
- optische Kontrolle
- Verpacken

7.3.3 Optoden

An dieser Stelle der Arbeit werden die verschiedenen Verfahrensschritte bzw. geometrischen und chemischen Bedingungen zum Aufbringen bzw. zur Integration der Optoden in die SBM beschrieben. Die Arbeitsweise der Optoden in Kombination mit der entsprechenden Ausleseeinheit wird an anderer Stelle, in Kapitel 8.2.3 genauer beleuchtet.

Versuche im Vorfeld, bezogen auf die Empfindlichkeit (**S**ignal-to-**N**oise **R**atio (SNR)) der Messanordnung hatten ergeben, dass eine kreisförmige Sensorfläche von mindestens 2 mm Durchmesser benötigt wird, um ein verwertbares Antwortsignal von den Optoden zu erhalten. Das Chiplayout musste daraufhin an diese Geometrie angepasst werden. Ebenso wichtig war auch die Auswahl eines geeigneten hoch transparenten Trägermaterials, das nicht nur die optische pH- und pO_2-Messung sondern auch zusätzlich die Untersuchung der Zellkultur mit inversen Lichtmikroskopen ermöglicht. Die Wahl fiel an dieser Stelle auf einen Glasträger, wie er auch in der Mikroskopie verwendet wird.

Für die Integration der optischen Sensoren auf Glas stehen zwei Optionen zu Verfügung:

1. Aus einer Sensorfolie ausgestanzte Plättchen mit einem Durchmesser von ca. 2 mm, werden auf den Chip aufgeklebt.
2. Die fluoreszenzbasierten Sensoren werden als Flüssigkeit aufgetragen und getrocknet.

Bei letzterer Variante bildet sich der Sensor durch Verdunsten des Lösungsmittels und/oder durch Polymerisation von Monomeren unmittelbar an der gewünschten Stelle. Da auf Glassubstraten die für den pH-Sensor nötigen hydrophilen Polymere nicht haften, musste eine Oberflächenbehandlung des Glases vorgeschaltet werden. Zur Vorbehandlung wurden unterschiedliche Methoden untersucht: Beschichtung mit Lacken, Polymeren und Metallen. Bei den Lacken handelte es sich um Standard-Photolacke wie sie üblicherweise in der Photolithographie eingesetzt werden. Als Polymer wurde Eudragit verwendet.

Zur Untersuchung verschiedener metallischer Proben auf deren Eigenschaft als Haftvermittler wurden SiO_x, Al_2O_3, Al_2O_3/Pt und Ti/Pt in verschiedenen Schichtstärken hergestellt und Haftungstests unterzogen. Die Schichtkombinationen und Schichtdicken sind in Tabelle 7.1 dargestellt.

Proben Nr.	Materialstärken [nm]		
	Al_2O_3	Ti	Pt
1		5	1
2		3	1
3	5		1
4		4	0,6
5	5		0,6

Tabelle 7.1: Proben aus verschiedenen metallischen Schichten in unterschiedlicher Dicke wurden auf ihre Eigenschaft hin als Haftvermittler untersucht

Die Ergebnisse zeigten jedoch, dass sich der O_2-Sensor innerhalb von 24 Stunden unter Schütteln in destilliertem Wasser von allen 4 Platindünnschichten ablöste. Der pH-Sensor zeigte unter diesen Bedingungen nur auf Pt (0,6 nm)/Al_2O_3 (5 nm) eine ausreichende Haftung. Ti/Pt und SiO_x schieden als Haftvermittler aus.

Neben der Haftung wurde auch die durch die zusätzliche Schicht erfolgte Dämpfung des Lichts untersucht. Die Schichten sind sehr dünn, um für das Anregungs- und Emissionslicht durchlässig zu sein, welches von unten durch den Chip und die Haftvermittlungsschichten geführt wird. Eine Bedampfung des Glases mit einer reinen Platinschicht zeigte hinsichtlich Haftung und Dämpfung die vielversprechendsten Resultate. Als Alternative hat sich auch die Beschichtung mit kationischen Polymeren bewährt. Jedoch ist hier die Aufbringung und die Kontrolle der Schichtdicke kritisch. Tabelle 7.2 zeigt die gewonnenen Erkenntnisse.

Die Beschichtung mit Eudragit lieferte gute Haftungsergebnisse, jedoch musste die Schichtdicke dieses Primer-Polymers möglichst gering gehalten werden. Ähnlich wie der SU-8-Lack ist es ein Sauerstoffreservoir, das zu langen Ansprechzeiten führt. Ein ähnliches Phänomen wurde auch bei den pH-Sensoren beobachtet: Messungen ergaben, dass eine Eudragit-Beschichtung zu einer starken Verlangsamung der Ansprechzeit führt. Als beste Variante wurde somit die Metallisierung der Glasoberfläche mit einer dünnen Platinschicht evaluiert.

		Eigenschaften				
Test Nr.	Haft-vermittler	Sensor-haftung	Haftung auf Glas	optische Eigenschaften	Kompatibilität mit Sensormaterial	Zytotoxizität
1	SU-8-Lack	0	+	+	-	n.d.
2	AZ-Lack	+	–	+	n.d.	n.d.
3	Eudragit	++	++	++	0	+
4	Platin	++	0	+	++	+

Tabelle 7.2: Eigenschaften verschiedener Haftvermittler

Eine weitere Alternative zur Verbesserung der Hafteigenschaft der optischen Sensoren auf dem Sensorchip stellt die Silanisierung dar. Mit ihrer Hilfe können anorganische und Hydroxylgruppen-haltige Oberflächen wie beispielsweise Glasoberflächen modifiziert werden. Es wurden sechs verschiedene Alkoxysilane getestet, die unter Abspaltung der entsprechenden Alkohole mit den Hydroxylgruppen der Glasoberflächen reagieren und Silylether bilden. Die langkettigen Aminogruppen-haltigen Reste der Silane sollen als funktionelle Gruppen das Anheften der Sensor-Spots ermöglichen. Für die Silanisierung wurden zunächst SBM-Glasbodenplatten von Heraeus verwendet und anschließend mit 1 µl pH- bzw. O_2-Sensor-Lösung pro Spot bespottet. Als Negativkontrolle dienten Glasplatten ohne Silan-Behandlung. Nach dem Spotten wurden die Glasbodenplatten über Nacht bei Raumtemperatur getrocknet. Dann erfolgte eine Inkubation der Platten für 45 Stunden in destiliertem Wasser, gefolgt von 47 Stunden in **P**hosphate **B**uffered **S**aline (PBS) und weiteren 72 Stunden in Zellkultur-Medium (**D**ulbecco's **M**odified **E**agle (DME)-Lösung).

Ergebnis:

- N-(2-Aminoethyl)-3-aminopropyltrimethoxysilan: pH- und O_2-Spots haften ausreichend fest für 45 Stunden in destiliertem Wasser, bei weiterer Inkubation in PBS lösen sich die Spots vom Rand her ab, beginnen aber erst nach über 92 Stunden Inkubation sich vollständig abzulösen.
- Bis(2-hydroxyethyl)-3-aminopropyltriethoxysilan: Die Spots lösen sich nach 20 Stunden in destiliertem Wasser vom Rand her ab. Eine vollständige Ablösung ist bei beiden Spots erst nach über 92 Stunden zu beobachten.
- N-(6-Aminohexyl)aminopropyltrimethoxysilan: Die O_2-Spots haften ausreichend fest für 45 Stunden in destiliertem Wasser und für weitere 47 Stunden in PBS. Sie lösen sich erst nach 97 Stunden Gesamtinkubation vom Rand her ab. Die pH-Spots beginnen sich nach 51 Stunden vollständig abzulösen.

Ferner wurden die Silane „3-(Cyclohexylamino)propyltrimethoxysilan" und „3-Aminopropyl-dimethylethoxysilan" getestet: Sie zeigten gegenüber einer nicht silanisierten Oberfläche keine verbesserten Haftungseigenschaften. Die Ergebnisse zeigten, dass einige der getesteten Silane sich gut als Haftvermittler eignen. Durch Optimierung der Silan-Konzentration und der Inkubationszeit für die Beschichtung sollten die Haftungseigenschaften noch weiter zu verbessern sein. Damit stellt die Sinalisierung den besten Ansatz zur Substratbehandlung des Glasträgers dar.

7.4 Fluidik des Drei-Kammer-Systems

Ausgehend von den Erfahrungen, die mit bisherigen Fluidsystemen gesammelt wurden, und mit der Erkenntnis, dass eine dynamische Zellkulturmessung nur mit Hilfe eines geeigneten Fluidsystems bewerkstelligt werden kann, stellte sich bei dieser Arbeit die Herausforderung, ein neuartiges Versorgungssystem in eine Multiwellplatte zu integrieren [90, 91]. Der hier verfolgte Ansatz der Fluidik zielt auf die Realisierung von mikroskalierten und weitgehend automatisierbaren Lab-on-a-chip Systemen. Die Schnittstelle zwischen einer integrierten Mikrofluidik und einer „Makrofluidik“, welche die Versorgung der Multiwellplatte mit Nähr- bzw. Wirkstoffen im Allgemeinen beschreibt, wird in dem in Kapitel 8 beschriebenen Screening System durch einen Pipettierroboter realisiert. Ziel der hier beschriebenen Mikrofluidik (Drei-Kammer-System) ist es, eine geeignete Schnittstelle zwischen der Zellkultur und dem Versorgungs- bzw. Pipettiersystem herzustellen. Insbesondere sollten Störeinflüsse wie Luftblasen eliminiert und ein stetiger, reproduzierbarer Flüssigkeitsaustausch im Topf zur Aufnahme der Zellen gewährleistet werden. In zahlreichen Vorversuchen wurden verschiedene Geometrien des Drei-Kammer-Systems verglichen. Dabei musste die Struktur mehrmals verändert werden, bis das Strömungsverhalten die gewünschte Charakteristik zeigte. Die Vorversuchsmodelle wurden mit einer Oberfräse aus Polykarbonat gefertigt. Idealisierte Strukturen mussten jedoch noch verändert werden, damit sie mit der zur Verfügung stehenden Technologie hergestellt werden konnten. Abbildung 7.11 zeigt das gefüllte Model v301 in einer Messvorrichtung, in der nicht nur das Strömungsverhalten untersucht werden konnte, sondern auch die Möglichkeit bestand, alle Sensorstrukturen zu kontaktieren. Für Versuche im Dauerbetrieb wurden der Zu- und Ablaufbehälter mit Schlauchquetschpumpen befüllt bzw. geleert.

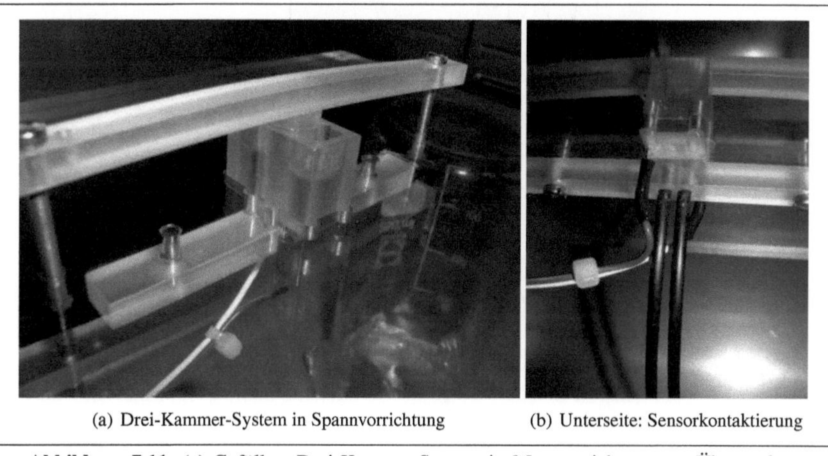

(a) Drei-Kammer-System in Spannvorrichtung (b) Unterseite: Sensorkontaktierung

Abbildung 7.11: (a) Gefülltes Drei-Kammer-System in Messvorrichtung zur Überprüfung der Strömungsdynamik und Kontaktierung (b) Ansicht von unten: Zu sehen sind zwei Lichtleiter zum Auslesen der optischen Sensoren und die Elektrodenkontaktierung mittels Federkontaktstiften

Nach der geometrischen Festlegung des Fluidsystems wurde ein mathematisches Modell erarbeitet, das das strömungsdynamische Verhalten simuliert. Die folgenden Abschnitte beleuchten diese Verfahrensschritte, die schließlich zu der in Abbildung 7.12 dargestellten Multiwellplatte aus 24 einzelnen Drei-Kammer-Systemen geführt haben. Das gefundene Fluidsystem besteht aus einem Topf für die Aufnahmen der Zellen, der über mikrostrukturierte Kanäle mit jeweils einem Zu- und Ablaufbehälter verbunden ist. Der zylinderförmige Topf (Grundfläche ca. 46 mm^2) wird von unten durch den Sensorchip begrenzt. Von oben wird ein passgenauer Kolben eingeführt, der ein definiertes Messvolumen begrenzt. Die folgenden Abschnitte sollen zeigen, wie der Aufbau dieses Fluidsystems den Flüssigkeitsaustausch beeinflusst und warum es damit besser als bisherige Systeme zur Detektion auch geringer Mengen eines Analyten geeignet ist.

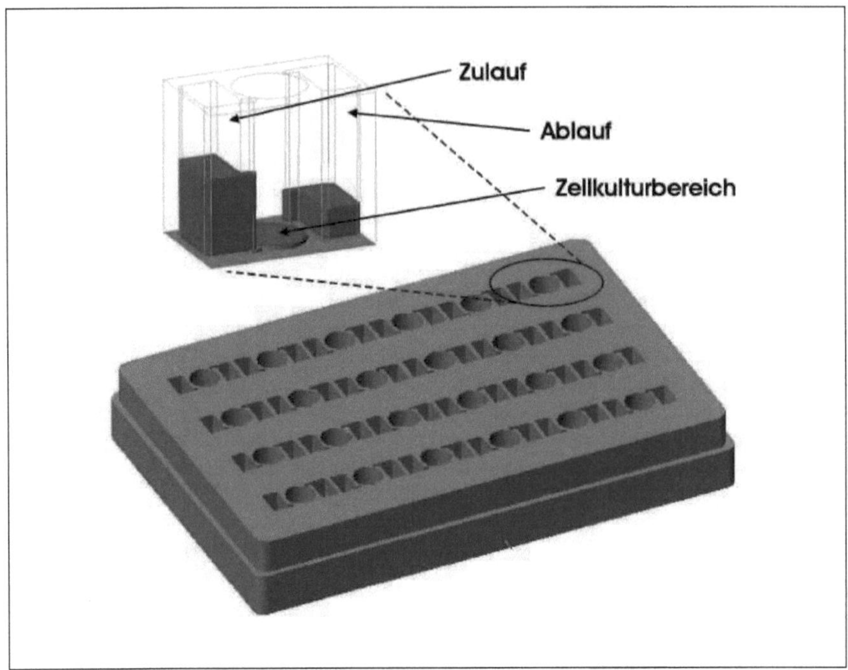

Abbildung 7.12: Schematische Darstellung einer Multiwellplatte mit 24 Drei-Kammer-Systemen [90, 22, 93, 92]

7.4.1 Betrachtungen zur Fluiddynamik

Das Drei-Kammer-System kann als ein System von kommunizierenden Röhren betrachtet werden, wobei die zwei äußeren Behälter als geöffnete Systeme und der Topf zur Aufnahme der Zellen als geschlossenes Verbindungsstück gesehen wird. Ein ideales System von kommunizierenden Röhren wird allerdings immer als reibungsfrei betrachtet, das heißt der Ausgleich der Flüssigkeitsspiegel in den Röhren geschieht instantan [147]. Hier ist das nicht der Fall: Durch seine komplizierte Geometrie und geringe Höhe stellt der Topf zur Aufnahme der Zellen ein beachtliches Strömungshindernis dar, das eine genauere Betrachtung der Fluiddynamik dieses Systems notwendig macht.

In einem ersten Schritt wurde das Drei-Kammer-System auf die zwei Flüssigkeitssäulen (reibungsfrei) und einen widerstandsbehafteten Verbindungskanal reduziert (siehe Abbildung 7.13). Aufbauend auf diesem Modell konnte mit Hilfe der gewonnenen Randbedingungen eine Finite-Elemente-Analyse des Strömungsverhaltens innerhalb des Topfes zur Aufnahme der Zellen simuliert werden (siehe Kapitel 7.4.5). Zur empirischen Bestimmung des Strömungwiderstandes im Topf diente eine Videoanalyse (siehe Kapitel 7.4.11).

Um die fluiddynamischen Vorgänge in diesem System genauer darlegen zu können, werden zunächst einige Aspekte der Strömungslehre inkompressibler Flüssigkeiten betrachtet. Zuerst einige Definitionen:

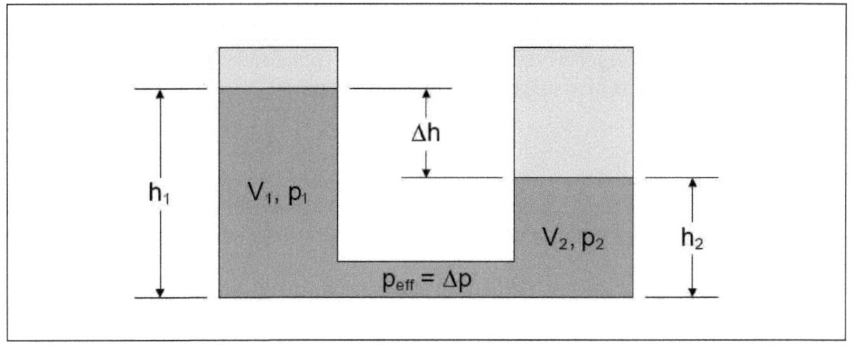

Abbildung 7.13: Schematische, abstrahierte Darstellung des Drei-Kammer-Systems und der hydrostatischen Größen

ρ	$[\frac{kg}{m^3}]$	Dichte der Flüssigkeit
g	$[\frac{m}{s^2}]$	Erdbeschleunigung
p	$[\frac{N}{m^2}]$	Lokaler Druck
w	$[\frac{m}{s}]$	Betrag der Strömungsgeschwindigkeit
$\dot{m}$	$[\frac{kg}{s}]$	Massestrom
A	$[m^2]$	Durchströmte Fläche

(Es sei angemerkt, dass hier und im Folgenden ein Punkt über dem Buchstaben die erste zeitliche Ableitung dieser Größe bezeichnet, hier also $\dot{m} = \frac{d}{dt}m$)

Der Massestrom $\dot{m} = \rho w A$ sei konstant. Bei inkompressiblen Strömungen gilt weiterhin $\rho = const.$, womit auch der Volumenstrom $\dot{V} = \frac{\dot{m}}{\rho}$ konstant ist.

Die dynamische Viskosität η definiert sich anschaulich über die Kraft F, die durch die Reibung zwischen zwei infinitesimal dünnen „Flüssigkeitsschichten" der Fläche A und einem Geschwindigkeitsgradienten $\frac{dw}{dz}$ senkrecht zu ihnen entsteht:

$$F = \eta A \frac{dw}{dz} \qquad [\eta] = \frac{Ns}{m^2} \tag{7.1}$$

Auch die Viskosität ist im hier betrachteten Fall konstant, da es sich bei Wasser (und wässrigen Lösungen) um ein Newtonsches Fluid handelt.

Des weiteren ist der Strömungswiderstand R definiert als

$$R = \frac{\Delta p}{\dot{V}}, \qquad [R] = \frac{Ns}{m^5}. \tag{7.2}$$

Für ein zylindrisches Rohr der Länge l und Radius r_a ergibt sich nach dem Gesetz von Hagen-Poiseuille (ebd.):

$$R = \frac{8\eta l}{\pi r^4}. \tag{7.3}$$

7.4.2 Zeitabhängigkeit des Ausgleichsvorgangs

Aus diesen Zusammenhängen und empirischen Beobachtung kann unter Berücksichtigung einiger bekannter Randbedingungen ein mathematisches Modell hergeleitet werden, das den zeitlichen Verlauf des Ausgleichs der Pegel in den zwei Röhren beschreibt.

Zuerst kann man davon ausgehen, dass das in Kammer 2 zufließende Volumen gleich dem aus Kammer 1 abfließenden ist (und umgekehrt). Es gilt also immer

$$\dot{V}_2 = -\dot{V}_1. \tag{7.4}$$

Geht man davon aus, dass der Zellkulturbereich immer vollständig mit Flüssigkeit gefüllt bleibt, gilt ohne Beschränkung der Allgemeinheit ausgehend von einem beliebigen Füllstand zum Zeitpunkt t_0 $(V_1(t_0), V_2(t_0))$,

$$V_2(t) = V_0 - V_1(t) \qquad \forall t \geq t_0. \tag{7.5}$$

Der hydrostatische Druck, den eine Wassersäule der Höhe h erzeugt, ist

$$p = \rho g h. \tag{7.6}$$

Berücksichtigen wir weiter, dass beide Kammern die gleiche konstante Querschnittsfläche A_0 haben, ergibt sich die Beziehung $h = \frac{V}{A_0}$ und damit

$$p = \frac{\rho g V}{A_0}. \tag{7.7}$$

Die unterschiedliche Füllhöhe zwischen den beiden Kammern bedingt eine Druckdifferenz $p_{eff} = \Delta p = p_1 - p_2$, die mit Gleichung 7.7 auch geschrieben werden kann als

$$\Delta p = \frac{V_1 - V_2}{A_0}\rho g. \tag{7.8}$$

Einsetzen von Gleichung 7.5 führt auf

$$\Delta p = \frac{2V_1 - V_0}{A_0}\rho g. \tag{7.9}$$

Diese Druckdifferenz erzwingt nun eine Strömung gemäß

$$\dot{V}_2 = -\dot{V}_1 = \frac{\Delta p}{R}. \tag{7.10}$$

Löst man Gleichung 7.10 nach Δp auf und setzt sie in Gleichung 7.9 ein, so erhält man

$$(2V_1 - V_0)\frac{\rho g}{A_0} + \dot{V}_1 R = 0. \tag{7.11}$$

Durch Umformen erhält man die inhomogene lineare Differentialgleichung erster Ordnung

$$\dot{V}_1 + 2\frac{\rho g}{A_0 R}V_1 = \frac{\rho g}{A_0 R}V_0. \tag{7.12}$$

Aus Gründen der Übersichtlichkeit definiert man

$$k := \frac{\rho g}{A_0 R}. \tag{7.13}$$

Die obige Differentialgleichung hat die homogene Lösung

$$V_{1h}(t) = C_1 e^{-2kt}, \tag{7.14}$$

die wiederum durch Variation der Konstanten auf die spezielle Lösung

$$V_{1s}(t) = \left(\frac{V_0}{2}e^{+2kt} + C_2\right)e^{-2kt} = \frac{V_0}{2} + C_2 e^{-2kt} \tag{7.15}$$

führt. Die allgemeine Lösung ist somit

$$V_1(t) = V_{1h}(t) + V_{1s}(t) = C_1 e^{-2kt} + \frac{V_0}{2} + C_2 e^{-2kt} = C e^{-2kt} + \frac{V_0}{2}, \tag{7.16}$$

mit $C := C_1 + C_2$.

Die Anfangsbedingung $V_1(t = 0) = V_0$ erzwingt $C = \frac{V_0}{2}$ und führt damit zu der eindeutigen Lösung

$$V_1(t) = \frac{V_0}{2}e^{-2kt} + \frac{V_0}{2} = \frac{V_0}{2}\left(1 + e^{-2kt}\right). \tag{7.17}$$

Analog erhält man für V_2

$$V_2(t) = \frac{V_0}{2}\left(1 - e^{-2kt}\right). \tag{7.18}$$

Abbildung 7.14 zeigt den zeitlichen Verlauf des Flüssigkeitsausgleichs der beiden Kammern. Als Parameter k wurde dabei der Wert 0,3 s^{-1} gewählt, wie er empirisch in einer Videoanalyse bestimmt wurde (siehe Kapitel 7.4.11).

7.4.3 Erweiterung des Modells um Berücksichtigung von Flüssigkeitszugabe

Bisher wurde davon ausgegangen, dass eine Kammer zum Zeitpunkt $t = 0$ vollständig gefüllt und die andere leer ist. Dies ist natürlich eine stark idealisierte Annahme, denn in der Realität kann die Zulaufkammer nicht instantan gefüllt werden. Vielmehr wird sie durch Zupumpen oder Pipettieren gefüllt. In einer Erweiterung des Modells der Ausgleichsdynamik soll dieser Vorgang nun berücksichtigt werden.

Nimmt man Kammer 1 als diejenige an, in die Flüssigkeit zugegeben wird, so gliedert sich die Volumenänderung $\dot{V}_1$ jetzt in den Zustrom $\dot{V}_{zu}$ und den Abstrom durch den Kulturbereich $\dot{V}_{ab}$ auf:

$$\dot{V}_1 = \dot{V}_{zu} - \dot{V}_{ab}. \tag{7.19}$$

Die Volumenerhaltungsbedingung nach Gleichung 7.4 muss damit nun folgendermaßen geschrieben werden:

$$\dot{V}_2 = \dot{V}_{ab}. \tag{7.20}$$

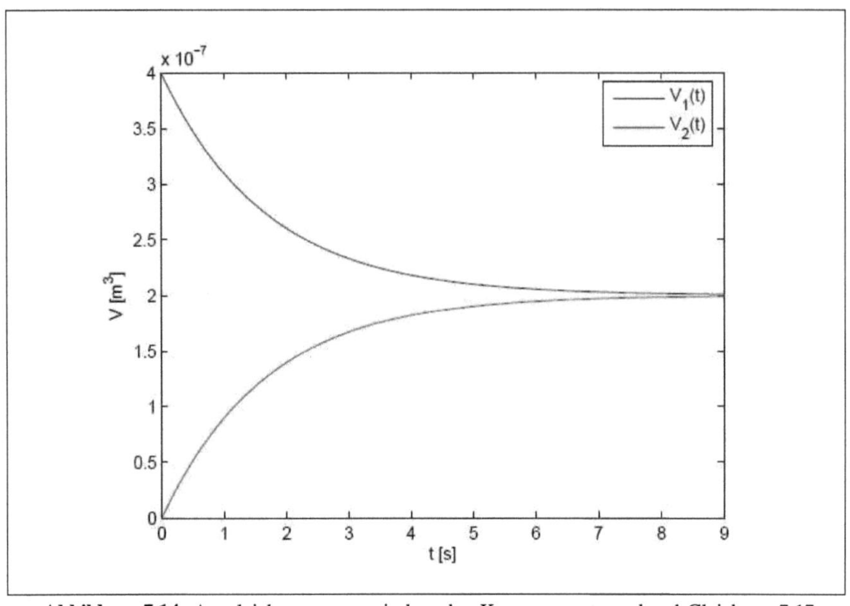

Abbildung 7.14: Ausgleichsvorgang zwischen den Kammern entsprechend Gleichung 7.17 und 7.18 mit einem Anfangsvolumen von 400 µl und $k = 0{,}3\ \mathrm{s}^{-1}$

Man weiß, dass der Volumenstrom zwischen den Kammern von der Druckdifferenz zwischen ihnen und dem Strömungswiderstand abhängt:

$$\begin{aligned} \dot{V}_{ab} = \frac{\Delta p}{R} &= \frac{(V_1 - V_2)\rho g}{A_0 R} && \text{mit Gleichung 7.8} \\ &= (V_1 - V_2)k && \text{mit Gleichung 7.13.} \end{aligned} \tag{7.21}$$

Damit erhält man ein System von zwei gekoppelten Differentialgleichungen:

$$\dot{V}_1 = \dot{V}_{zu} - (V_1 - V_2)k \tag{7.22}$$

$$\dot{V}_2 = (V_1 - V_2)k. \tag{7.23}$$

Nimmt man nun an, dass in die anfangs leere Kammer im Zeitraum $0 \leq t < t_0$ das Gesamtvolumen V_0 mit konstanter Rate zugegeben wird, erhält man diese neuen Randbedingungen:

$$\dot{V}_{zu} = \frac{V_0}{t_0} = const. \tag{7.24}$$

$$V_1(t=0) = V_2(t=0) = 0 \tag{7.25}$$

$$V_1(t) + V_2(t) = \dot{V}_{zu} \cdot t \qquad \text{für } 0 \leq t < t_0. \tag{7.26}$$

Da die Lösung der verkoppelten Differentialgleichungen in diesem Fall nicht trivial ist, wurde die *Symbolic Math Toolbox* des Programms *MATLAB 7R14* zu Hilfe genommen. Gibt man dieser die zu lösenden Differentialgleichungen sowie die Randbedingungen in Form des Befehls

```
dsolve('DV1=Vzu_punkt-(V1-V2)*k,DV2=(V1-V2)*k',
       'V1(t0)+V2(t0)=Vzu_punkt*t0,V1(0)=0,V2(0)=0')
```

vor, erhält man nach einer Umformung folgende Lösungen für $V_1(t)$ und $V_2(t)$ während der Flüssigkeitszugabe:

$$V_1(t) = -\frac{V_0}{4kt_0}\left(e^{-2kt} - 2kt - 1\right) \tag{7.27}$$

$$V_2(t) = +\frac{V_0}{4kt_0}\left(e^{-2kt} + 2kt - 1\right). \tag{7.28}$$

Für den Zeitraum $t \geq t_0$, das heißt nach Ende der Flüssigkeitszugabe, gelten mit nur geringen Abwandlungen die gleichen Randbedingungen wie bei der Herleitung von Gleichung 7.17 und 7.18, womit auch die Lösung ähnlich ausfallen muss. Insbesondere gilt weiterhin Gleichung 7.5, die deutlicher auch als

$$V_1(t) + V_2(t) = V_0 = const. \qquad \forall t \geq t_0 \tag{7.29}$$

geschrieben werden kann. Auch bleibt es dabei, dass sich im Laufe der Zeit die Pegel in beiden Kammern angleichen werden. So ist

$$V_1(t) = V_2(t) = \frac{V_0}{2} \qquad \text{für } t \to \infty. \tag{7.30}$$

Nur die Anfangsbedingungen sehen etwas anders aus. Ging man bisher davon aus, dass zum Zeitpunkt $t = t_0$ eine Kammer vollständig gefüllt und die andere leer ist, so enthalten nun beide Kammern jeweils ein durch Gleichung 7.27 und 7.28 bestimmtes, bekanntes Anfangsvolumen $V_1(t_0)$ bzw. $V_2(t_0)$. Über einen ansonsten identischen Lösungsweg erhält man analog zu Gleichung 7.17 und 7.18 so die stetige Fortsetzung von Gleichung 7.27 und 7.28 für $t > t_0$:

$$V_1(t) = \frac{V_0}{2} + \left(V_1(t_0) - \frac{V_0}{2}\right) e^{-2k(t-t_0)} \tag{7.31}$$

$$V_2(t) = \frac{V_0}{2} - \left(\frac{V_0}{2} - V_2(t_0)\right) e^{-2k(t-t_0)} \tag{7.32}$$

Über diese Gleichungen und die einfache Beziehung in Gleichung 7.7 lässt sich somit auch der in der Zellkultur herrschende Druck zu jedem Zeitpunkt bestimmen. Es handelt sich dabei um eine bloße lineare Skalierung der Kurve. Durch Differenzieren von $V(t)$ nach der Zeit erhält man auch den Volumenstrom, der beispielsweise Hinweise darauf gibt, wie schnell das Medium im Topf zur Aufnahme der Zellen ausgetauscht wird und wie stark die Zellen durch Scherkräfte belastet werden.

Abbildung 7.15 verdeutlicht den berechneten Ausgleichsvorgang.

7.4.4 Reynolds-Zahl, laminare und turbulente Strömungen

Eine wichtige Kenngröße der Fluiddynamik verdient an dieser Stelle gesonderte Behandlung, da sie entscheidenden Einfluss auf das Verhalten einer Strömung hat: die Reynolds-Zahl. Sie ist folgendermaßen definiert [55]:

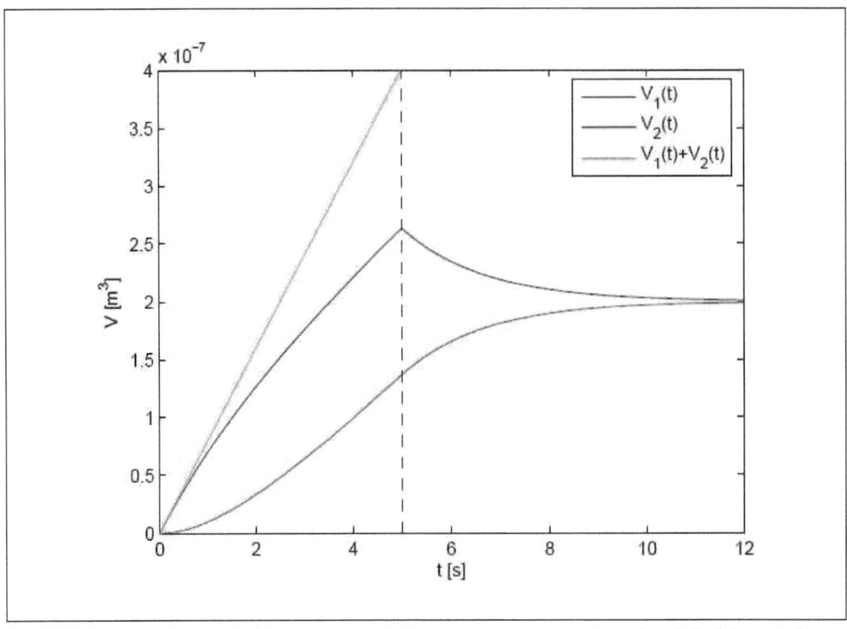

Abbildung 7.15: Ausgleichsvorgang zwischen den Kammern entsprechend Gleichung 7.27 und 7.28 sowie Gleichung 7.31 und 7.32 bei einer linearen Volumenzugabe von 400 μl während 5 Sekunden und $k = 0{,}3$ s^{-1}

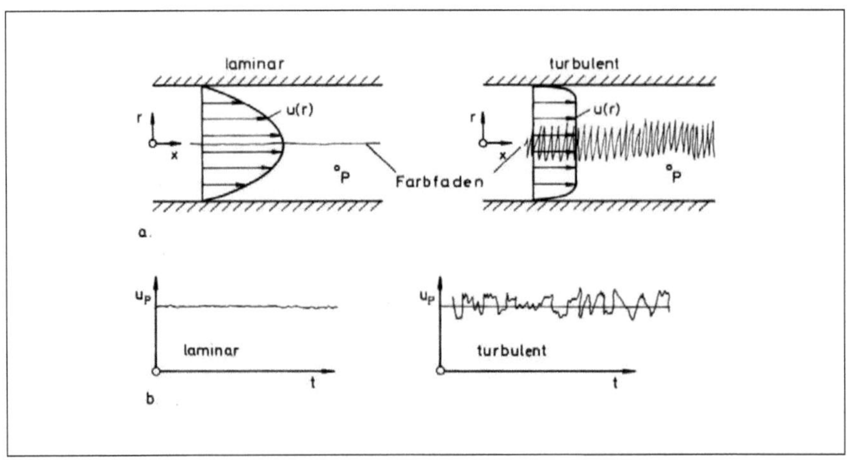

Abbildung 7.16: Vergleich zwischen laminarer (links) und turbulenter (rechts) Rohrströmung: a) Geschwindigkeitsprofil und Farbfaden b) Geschwindigkeitsschriebe im Punkt P [55]

$$Re = \frac{\rho \bar{w} d}{\eta}. \tag{7.33}$$

Dabei ist $\bar{w}$ die mittlere Strömungsgeschwindigkeit und d eine charakteristische Länge der betrachteten Geometrie, im Falle einer Rohrströmung z.B. der Rohrdurchmesser.

Für andere Geometrien wie die hier betrachtete Kammer lässt sich aber kein eindeutiger Wert für d angeben, so dass auch der Wert von Re nicht genau festgelegt ist. Entscheidend ist aber hier nur, dass Re unterhalb einer kritischen Zahl Re_k bleibt, da bei Überschreiten von Re_k eine laminare Strömung in eine turbulente umschlägt (siehe Abbildung 7.16).

Von einer laminaren Strömung spricht man, wenn Schichten unterschiedlicher Geschwindigkeit nebeneinander strömen ohne starken Austausch von Fluidteilchen quer zur Strömungsrichtung. Bei einer turbulenten Strömung ist ebendies nicht mehr der Fall, es entstehen Verwirbelungen und chaotische Bewegungen von Fluidteilchen. Daher sind diese bei weitem komplizierter zu modellieren und zu berechnen, auch wenn sie auf makroskopischer Ebene als *quasistationär* betrachtet werden können. Das Geschwindigkeitsprofil einer laminaren Strömung zwischen parallelen Wänden ist parabolisch, während sich bei turbulenten Strömungen eine Grenzschicht nahe der Wände ausbildet, außerhalb derer die Geschwindigkeit – zumindest im Mittel – praktisch konstant ist [55].

Von übergeordneter Bedeutung ist hier aber, dass beim Erreichen des turbulenten Bereiches der Strömungswiderstand schlagartig ansteigt, was eine extreme Nichtlinearität im zeitlichen Verlauf bedeuten würde. Um also zu belegen, dass die hier hergeleitete Zeitabhängigkeit des Flüssigkeitstransfers im Drei-Kammer-System für alle relevanten Fälle korrekt ist, soll nun gezeigt werden, dass die Annahme einer insgesamt laminaren Strömung stets gerechtfertigt ist.

Dazu müssen zuerst geeigenete Werte für $\bar{w}$ und d gewählt werden. Da beide Größen im Zähler der Formel stehen, ist es im Rahmen einer Worst-Case-Betrachtung sinnvoll, für sie die größten im System vorkommenden Werte zu wählen. Für d ist das der Durchmesser der Kammer von 7,7 mm. Einen Maximalwert für $\bar{w}$ erhält man leicht über den Volumenstrom durch die engste Stelle des Systems, die Zulauföffnung des Topfes zur Aufnahme der Zellen in Form einer Bohrung mit Radius 0,5 mm. Durch diese Engstelle muss der gesamte Flüssigkeitsstrom passieren. Für die mittlere Geschwindigkeit gilt dabei

$$\bar{w} = \frac{\dot{V}}{A} = \frac{\dot{V}}{\pi r^2}. \tag{7.34}$$

Den Volumenstrom erhält man einfach durch Differenzierung von Gleichung 7.17 oder 7.18 nach der Zeit, was beides auf

$$\dot{V} = kV_0 e^{-2kt} \tag{7.35}$$

führt, sofern man das entgegengesetzte Vorzeichen vernachlässigt. Offensichtlich ist dieser Wert für $t = 0$ am größten, er vereinfacht sich dann zu $\dot{V} = kV_0$.

Wählt man nun $k = 0{,}3\ s^{-1}$, sowie für das Anfangsvolumen großzügig V_0 = 400 µl, so erhält man für $\bar{w}$ einen Wert von ca. 0,153 $\frac{m}{s}$. Für die Dichte von Wasser kann man in guter Näherung 1000 $\frac{kg}{m^3}$ annehmen, für seine Viskosität ca. 0,001 $\frac{Ns}{m^2}$. Damit ergibt sich nach Kürzen der Einheiten

$$Re_{max} = \frac{1000 \cdot 0,153 \cdot 0,0077}{0,001} = 1178,1. \tag{7.36}$$

Leider kann auch für Re_k kein allgemein gültiger Wert angegeben werden, ab dem ein turbulentes Verhalten einsetzt. Einig sind sich die meisten Quellen jedoch darin, dass erst Werte von Re

> 1000 zu Turbulenzen führen können [55, 147, 113]. Dieser Bereich wurde in dieser unrealistischen Worst-Case-Abschätzung nur knapp erreicht. Es kann daher mit großer Sicherheit davon ausgegangen werden, dass die Strömungen im Drei-Kammer-System für alle hier relevanten Fälle laminar sind.

7.4.5 Computersimulation mit Hilfe der Finite-Elemente-Methode

Wie bereits erwähnt, stellt die Kulturkammer eine komplizierte und nicht ohne weiteres mathematisch beschreibbares Strömungshindernis dar. Seine Geometrie ist in Abbildung 7.17 schematisch dargestellt. Die zwei seitlichen Aussparungen verbinden die Kammer über kreisförmige Öffnungen mit den Zu- und Ablaufbehältern (siehe Abbildung 7.17).

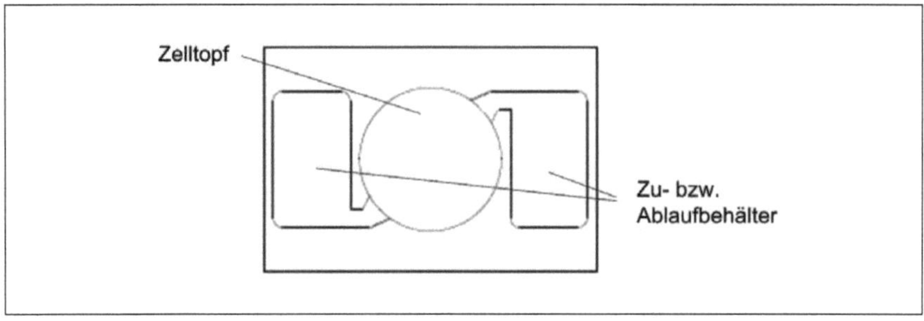

Abbildung 7.17: Aufbau des Drei-Kammer-Systems (Draufsicht). In der Mitte befindet sich der Topf zur Aufnahme der Zellen, flankiert von dem Zu- und dem Ablaufbehälter

Da die fluiddynamischen Parameter eines so komplexen Systems, wie es der Topf zur Aufnahme der Zellen das Drei-Kammer-System darstellt, nicht mehr analytisch berechnet werden können, bietet es sich an, zur Untersuchung der Strömungsmechanik auf Computersimulationen zurückzugreifen. Diese haben auch den Vorteil, dass Geometrie und Modellparameter ohne großen Aufwand variiert und anschließend die Ergebnisse veranschaulicht und animiert dargestellt werden können.

Die aus den vorhergehenden Kapiteln gewonnenen Erkenntnisse über das Ausgleichsverhalten der Flüssigkeitssäulen werden im Folgenden zur Bestimmung der Randbedingungen der Simulation herangezogen.

7.4.6 Prinzip und Grenzen des verwendeten Simulationsverfahrens

Das heute am häufigsten eingesetzte Verfahren zur numerischen Berechnung komplexer nichtlinearer Systeme ist die Methode der finiten Elemente. Sie erhält ihren Namen aus dem Ansatz, ein als Ganzes analytisch nicht erfassbares Berechnungsgebiet in viele kleine Elemente mit finiten Abmessungen zu unterteilen. Dies steht im Gegensatz zum analytischen Ansatz, wo mit infinitesimal kleinen Elementen gerechnet wird. Für die finiten Elemente lassen sich viel einfacher Lösungen finden als für das Gesamtsystem. Durch die Vorgabe von Randbedingungen und die Kopplung der finiten Elemente untereinander kann dann eine Lösung für das ganze Berechnungsgebiet ermittelt werden, die der exakten Lösung relativ nahe kommt. Da dazu aber immer noch Gleichungssysteme mit zehntausenden von Freiheitsgraden gelöst werden, lässt sich die Finite-Elemente-Methode praktikabel nur mit Hilfe leistungsfähiger Computer einsetzen [11].

Das hier verwendete Simulationsprogramm *COMSOL Multiphysics 3.2a* bietet für Probleme aus der Fluiddynamik ein Lösungsverfahren, das auf der direkten Lösung der Navier-Stokes-Gleichungen basiert [30]. Diese beschreiben das Verhalten einer viskosen, inkompressiblen

Strömung unter Berücksichtigung von Trägheits-, Volumen-, Druck- und Reibungskräften. Es erzeugt zuverlässig konvergente Lösungen, solange die betrachtete Strömung eindeutig im laminaren Bereich liegt. Sobald allerdings auch nur kleine Bereiche der Geometrie beginnen, turbulentes Verhalten zu zeigen, stößt dieses Lösungsverfahren an seine Grenzen. Dies war im vorliegenden Fall bei Kammerhöhen oberhalb von 0,4 mm gegeben. Durch Begrenzung der auftretenden Drücke und damit auch der Strömungsgeschwindigkeiten ließ sich dieses Problem zwar umgehen, dennoch stellen die so gewonnenen Ergebnisse eine Abweichung von den realen Bedingungen dar und sind damit nur begrenzt aussagefähig.

Die numerische Berechnung turbulenter Strömungen ist dagegen auch heute noch Gegenstand der Forschung und leider bisher nicht zufriedenstellend gelöst. Ein Ansatz ist dabei die Integration empirisch gewonnener Turbulenzmodelle in die Berechnung, wie es auch bei auf Strömungssimulation spezialisierten Finite-Elemente-Programmen für PC teilweise realisiert ist. Andererseits gibt es die direkte numerische Simulation mit sehr feinen Gitterauflösungen, deren Anwendung wegen der hohen Anforderungen an Speicher und Rechenleistung aber immer noch auf Hochleistungsrechner begrenzt ist [113].

7.4.7 Erstellung eines Simulationsmodells

Bevor eine Simulation durchgeführt werden kann, muss das zu simulierende Objekt natürlich in den Computer übertragen werden. Ausgehend von einer *AutoCAD*-Zeichnung, die die Grundlage für Abbildung 7.17 bildete, wurde die Geometrie der Zellkulturkammer im Simulationsprogramm zuerst zweidimensional nachgebildet. Auf den Grenzflächen, die in der Realität die Verbindung zu den Zu- und Ablaufkammern darstellen, wurden die Randbedingungen festgelegt, die die aus unterschiedlichen Füllständen der beiden Kammern resultierende Druckdifferenz nachbilden. In Abbildung 7.18 ist die Fläche, auf der ein variabler Druck vorgegeben wurde und die damit dem Zulauf entspricht, gelb eingefärbt. Die Fläche, die als Randbedingung $p \equiv 0$ hat und damit dem Ablauf entspricht, ist rot eingefärbt.

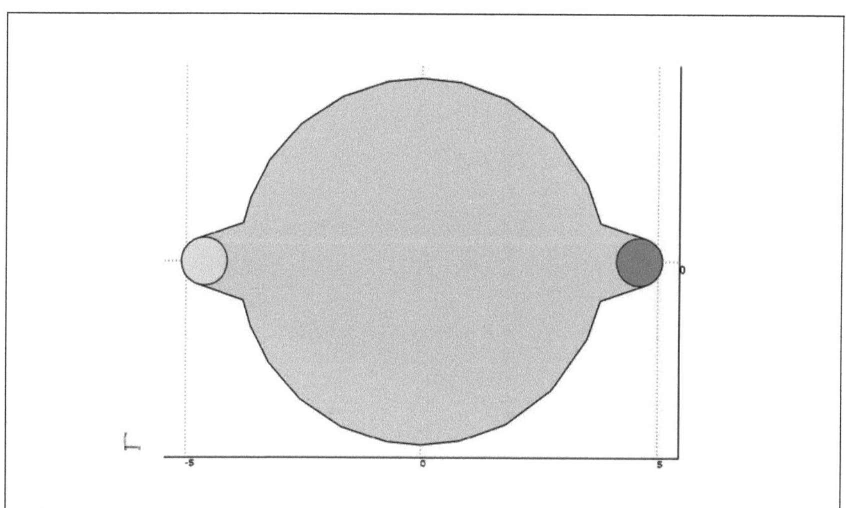

Abbildung 7.18: 2D-Modell des Topfes zur Aufnahme der Zellen. Die gelbe Fläche markiert den Zulauf. Die rote Fläche den Ablauf mit der Randbedingung $p \equiv 0$

Um den Rechenaufwand bei der Simulation zu reduzieren, wurde der symmetrische Aufbau der

Kulturkammer ausgenutzt und das Modell entlang der Symmetrieachse halbiert. Auf der entstehenden Schnittkante wurde eine Symmetriebedingung festgelegt, die sicherstellt, dass sich durch die Halbierung kein verändertes Simulationsverhalten einstellt. Abbildung 7.19 zeigt das Modell. Die Grenzfläche, auf der die Symmetriebedingung gilt, ist blau eingefärbt.

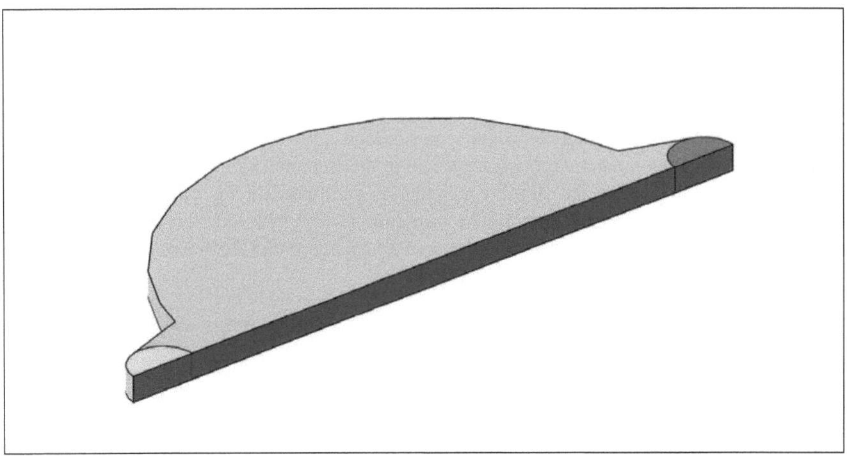

Abbildung 7.19: 3D-Modell des halbierten Topfes zur Aufnahme der Zellen. Die gelbe Fläche markiert den Zulauf. Die rote Fläche den Ablauf mit der Randbedingung $p \equiv 0$

Schließlich muss zur Vorbereitung der Simulation noch ein sogenanntes *Mesh*, das aus den eigentlichen finiten Elementen besteht, generiert werden. Hier wurden mit prismenförmigen Elementen, die ebenfalls durch Extrusion eines Gitters mit dreieckigen Elementen aus der zweidimensionalen Geometrie erzeugt wurden, die besten Ergebnisse erzielt (siehe Abbildung 7.20).

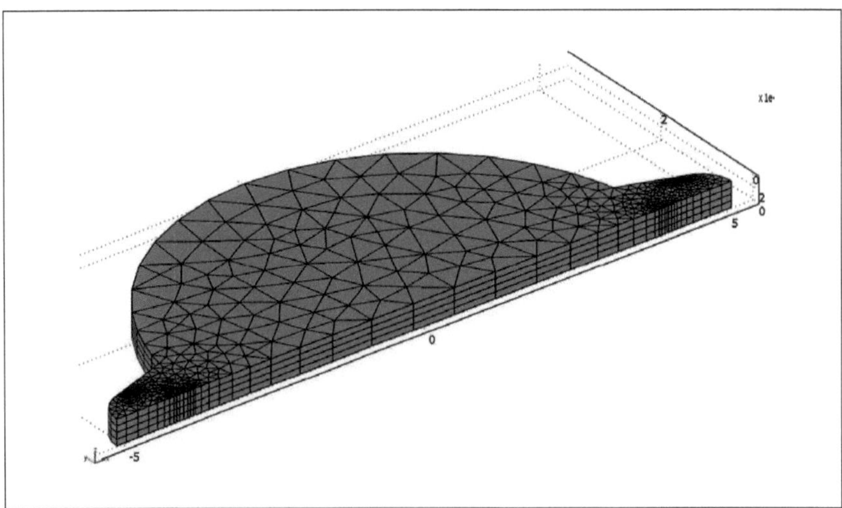

Abbildung 7.20: Mesh des Modells aus Abbildung 7.19

7.4.8 Ergebnisse der Finite-Elemente-Simulation

Wie bereits erwähnt, stellte sich beim Vergleich von verschiedenen Modellen heraus, dass beim Überschreiten gewisser Strukturgrenzen doch lokale Turbulenzen entstehen können, die die Simulation erschweren. In Abbildung 7.21 (a) ist das Ergebnis eines solchen Simulationslaufes dargestellt, bei dem innerhalb von vier Sekunden der angelegte Druck bis auf 49,05 Pa (entsprechend 5 mm Wassersäule) ansteigen sollte. Zur Simulationszeit t = 1,734 s wurde das Modell durch die beginnende Turbulenz im Einlaufbereich, wo auch die Strömungsgeschwindigkeit am größten ist, bereits so instabil, dass keine Konvergenz mehr erreicht wurde und die Simulation abbrach. Zum Vergleich zeigt Abbildung 7.21 (b) eine laminare Strömung im gleichen Modell bei reduziertem Druck.

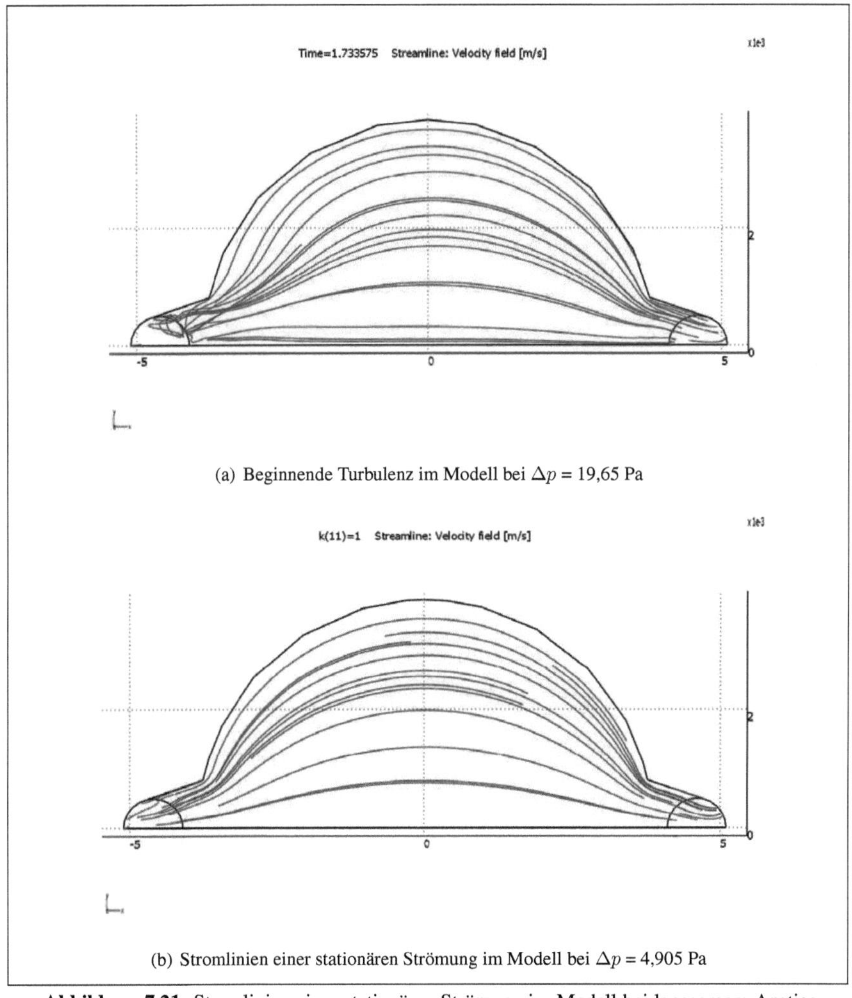

(a) Beginnende Turbulenz im Modell bei Δp = 19,65 Pa

(b) Stromlinien einer stationären Strömung im Modell bei Δp = 4,905 Pa

Abbildung 7.21: Stromlinien einer stationären Strömung im Modell bei langsamem Anstieg von Δp

Vor Erreichen des turbulenten Bereichs blieb der Verlauf der Stromlinien jedoch unabhängig vom zeitlichen Druckverlauf am Eingang nahezu konstant, und auch die Strömungsgeschwindigkeit veränderte sich nur betragsmäßig, nicht aber das Profil der Geschwindigkeitsverteilung, die in Abbildung 7.22 exemplarisch dargestellt ist. Im oberen Graphen sieht man deutlich die Stellen mit der größten Geschwindigkeit an Ein- und Ablauf, der Rest des Topfes erscheint jedoch nahezu einfarbig. Begrenzt man den Darstellungsbereich des Plots, wird auch die ungleichmäßige Strömungsgeschwindigkeit im Topf selbst sichtbar. Nahe den Wänden ist sie wegen der anhaftenden dünnen Flüssigkeitsschicht am geringsten, auf der direkten Verbindungslinie zwischen Zu- und Ablauf trotz Strömungsteiler am größten. Aus dieser ungleichmäßigen Verteilung folgt, dass das Medium nahe dem Rand des Topfes langsamer ausgetauscht wird als das in der Mitte und daher mehr als ein Kammervolumen aufgewendet werden muss, um einen vollständigen Flüssigkeitsaustausch zu erreichen.

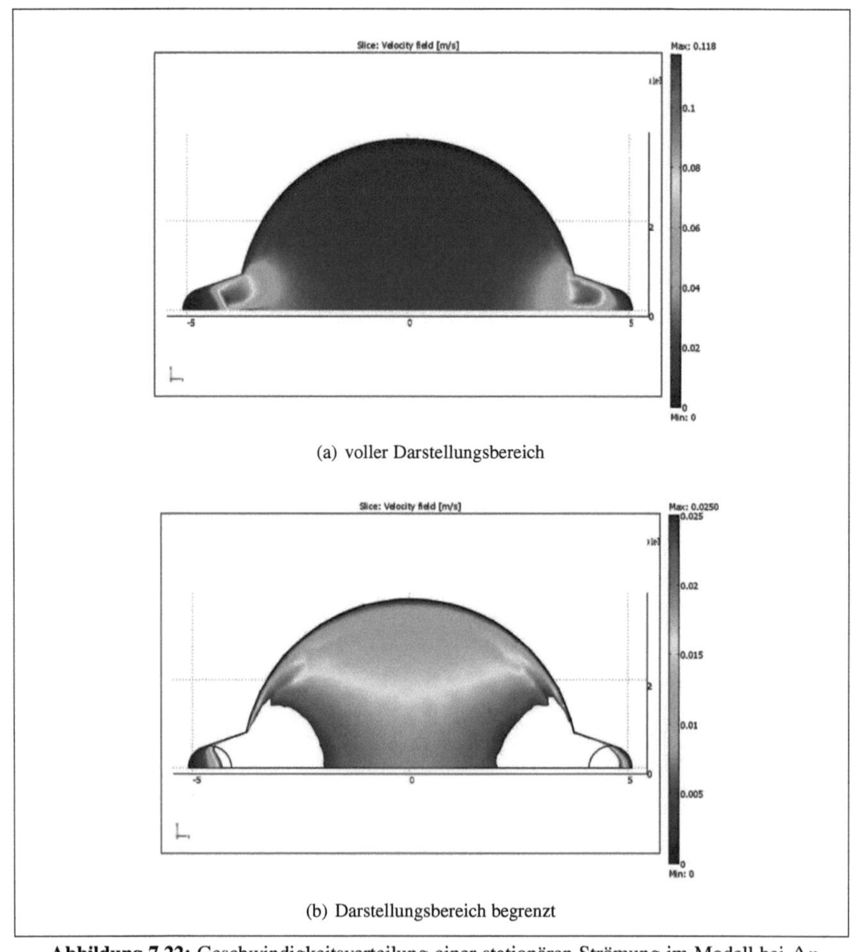

(a) voller Darstellungsbereich

(b) Darstellungsbereich begrenzt

Abbildung 7.22: Geschwindigkeitsverteilung einer stationären Strömung im Modell bei Δp = 49,05 Pa

7.4.9 Vergleich von Simulation und theoretischem Modell

Um die Gültigkeit der in Abschnitt 7.4.1 gemachten Annahmen zu überprüfen, wurde weiterhin ein direkter Vergleich zwischen den Ergebnissen der Finite-Elemente-Simulation und dem theoretisch vorausgesagten fluiddynamischen Verhalten des Drei-Kammer-Systems angestrebt. Dazu wurde die Kopplung von *COMSOL Multiphysics* mit *MATLAB 7R14* verwendet, um den Ausgleichsvorgang zwischen Zu- und Ablaufkammer in Form einer zeitabhängigen Randbedingung in das Modell zu integrieren.

In Abbildung 7.23 ist der erstellte Graph zu sehen. Zur Erläuterung des Ansatzes sei hier gesagt, dass zur Simulation ein aus *COMSOL* exportiertes Modell verwendet wird, auf dessen Einlauföffnung als Randbedingung eine zeitlich veränderliche Funktion festgelegt ist. Durch ein Skript wird nun der auf die Einlauföffnung wirkende Druck berechnet und das Modell mit dieser Randbedingung einen Zeitschritt lang simuliert. Aus dem Ergebnis dieses Simulationslaufs wird dann der Volumenstrom extrahiert und dazu verwendet, den neuen Wert des Drucks zu berechnen. Mit dieser angepassten Randbedingung wird wieder simuliert und der Vorgang so lange wiederholt, bis die Druckdifferenz zwischen Zu- und Ablauf verschwindet.

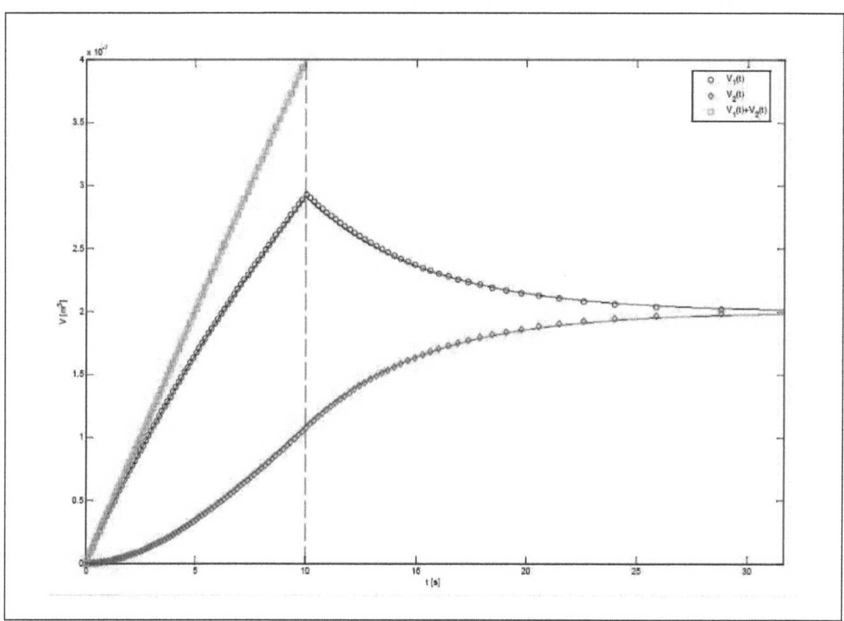

Abbildung 7.23: Vergleich zwischen theoretischer Rechnung (durchgezogene Linien) und Simulationsergebnis (Symbole) des Ausgleichsvorgangs

Wie in Abbildung 7.23 sichtbar, ergab sich so eine außerordentlich gute Übereinstimmung zwischen theoretischem (siehe Abschnitt 7.4.3) und simuliertem Ausgleichsvorgang. Die leichten verbleibenden Abweichungen sind wahrscheinlich auf Rundungsfehler sowie die diskreten Zeitschritte zurückzuführen.

7.4.10 Einfluss der Geometrie auf den Strömungswiderstand

Im Folgenden soll nun untersucht werden, wie sich die Geometrie des Fluidsystems auf den Strömungswiderstand auswirkt.

Es ist intuitiv einleuchtend, dass jede Engstelle für eine Strömung ein Hindernis darstellt, das dem ungehinderten Durchfluss Widerstand leistet. Ebenso ist einleuchtend, dass dieser Widerstand um so größer ist, je kleiner die Querschnittsfläche der verbleibenden Öffnung ist. Doch kann diese intuitive Beziehung auch formal begründet werden?

Das Widerstandsgesetz von Hagen-Poiseuille für Rohrströmungen (siehe Gleichung 7.3) wird hergeleitet aus der Bedingung, dass die Flüssigkeit in einer Strömung an der Wand haftet, dort also $w \equiv 0$ gilt sowie dem Gleichgewicht zwischen der Reibungskraft F_r und der durch die Druckdifferenz Δp entstehende Kraft F_p [55]:

$$\begin{aligned} \frac{F_r}{2\pi r_a l} &= \eta \frac{dw}{dr} \\ \frac{F_p}{\pi {r_a}^2} &= \Delta p \\ F_r &= -F_p\,. \end{aligned} \tag{7.37}$$

Ersetzt man nun den Zylinderquerschnitt $\pi {r_a}^2$ durch eine unbestimmte durchströmte Fläche A_q und die Mantelfläche $2\pi r_a l$ durch die von der Flüssigkeit überströmte Wandfläche A_m mit der Ortskoordinate z senkrecht auf ihr, so lässt sich diese Herleitung – zumindest näherungsweise – auf beliebige Geometrien erweitern. Es gilt:

$$A_m \eta \frac{dw}{dz} = -A_q \Delta p. \tag{7.38}$$

So wird deutlich, dass der Druckabfall Δp, der für den Strömungswiderstand maßgeblich ist ($R = \frac{\Delta p}{\dot{V}}$), sowohl linear von der Steilheit des Geschwindigkeitsgradienten $\frac{dw}{dz}$ als auch vom Verhältnis der Wandfläche zum durchströmten Querschnitt $\frac{A_m}{A_q}$ abhängt.

Aus dem parabolischen Geschwindigkeitsprofil in Abbildung 7.16 ist sofort ersichtlich, dass $\frac{dw}{dz}$ größer werden muss, um den gleichen Volumendurchfluss zu ermöglichen, wenn die begrenzenden Wände näher zusammenrücken. Dies ist allgemein gültig. Die Entwicklung von $\frac{A_m}{A_q}$ mit schrumpfenden Abmessungen ist dagegen stark geometrieabhängig. Betrachtet man den Zellkulturbereich vereinfacht als Zylinder mit Radius r und Höhe h, so ist seine Wandfläche bestehend aus Zylindermantel und zwei Deckelflächen

$$A_m = 2\pi r h + 2\pi r^2. \tag{7.39}$$

Der durchströmte Querschnitt ist ein Rechteck, dessen Fläche sich natürlich verändert, da die Strömungsrichtung senkrecht auf der Achse des Zylinders steht. Der Einfachheit halber sei hier der Wert für die Stelle der größten Breite herausgegriffen. Mit

$$A_q = 2rh \tag{7.40}$$

ergibt sich

$$\frac{A_m}{A_q} = \frac{2\pi r h + 2\pi r^2}{2rh} = \pi\left(1 + \frac{r}{h}\right). \tag{7.41}$$

7.4.11 Messung anhand einer Videoanalyse

Als praktikable Option zur Analyse des realen Systems erwies sich die Auswertung von Videoaufzeichnungen. Zur Ermittlung des Strömungswiderstandes wurde in den Versuchen eine definierte Menge Wasser (400 µl) möglichst schnell in den Zulaufbehälter gegeben, und dann im Video die Zeit gemessen, in der der Pegel um ca. 32 % gefallen war. Die Begründung dafür liegt in Gleichung (7.17), aus der hervorgeht, dass der Pegel in der Zulaufkammer von seinem Maximalwert exponentiell mit der Zeitkonstante $2k$ auf die Hälfte abfällt. Nach $\frac{1}{2k}$ Sekunden verbleiben nach Gleichung (7.17) also noch $\frac{1}{2}(1+e^{-1}) \approx 68{,}4$ % des maximalen Füllstandes, mit anderen Worten, er ist um 31,6 % gefallen. Aus dem so ermittelten Wert für k lässt sich mit einer einfachen Umformung von Gleichung (7.13) der Strömungswiderstand

$$R = \frac{\rho g}{A_0 k} \tag{7.42}$$

errechnen.

Für die Dichte ρ von Wasser wurde wieder 1000 $\frac{kg}{m^3}$ angenommen, für die Erdbeschleunigung g 9,81 $\frac{m}{s^2}$. Die Grundfläche des Zulaufbehälters A_0 wurde aus der in Abbildung 7.17 dargestellten *AutoCAD*-Zeichnung zu 31,5 mm^2 ermittelt.

Die so ermittelten Werte sind in Tabelle 7.3 aufgeführt. Sie beinhalten natürlich auch Effekte, die durch den Rest des Fluidsystems hervorgerufen werden, wie z.B. Verwirbelungen in der Zulaufkammer und sind Messungenauigkeiten unterworfen. Daher wurden bis zu sieben Versuche durchgeführt und die erhaltenen Werte gemittelt ($\overline{k}$, $\overline{R}$). Die Werte k_{min}, k_{max} sind die kleinsten respektive größten ermittelten Zeitkonstanten für jede Versuchsreihe und R_{max}, R_{min} die daraus berechneten entsprechenden Widerstandswerte.

	Zeitkonstante [s^{-1}]			Strömungswiderstand [$\frac{Ns}{m^5}$]		
h [mm]	k_{min}	k_{max}	$\overline{k}$	R_{min}	R_{max}	$\overline{R}$
0,5	0,300	0,5	0,348	$8{,}30 \cdot 10^8$	$1{,}04 \cdot 10^9$	$8{,}95 \cdot 10^8$

Tabelle 7.3: Durch Videoanalyse ermittelte Werte des Strömungswiderstandes des Drei-Kammer-Systems

7.4.12 Finite-Elemente-Simulation

In der Computersimulation konnte nur der Topf zur Aufnahme der Zellen isoliert vom restlichen Fluidsystem betrachtet werden. Diese Einschränkung der Modellkomplexität war erforderlich, um den Rechenaufwand in vertretbaren Grenzen zu halten. Zur Berechnung des Strömungswiderstandes wurde das Modelle des Topfes mit einer Druckdifferenz von 49,05 Pa zwischen Zu- und Ablauföffnung beaufschlagt und der Fall einer stationären Strömung simuliert. Der so erzeugte Volumenstrom wurde gemessen und der Widerstandswert für das Modell ermittelt, der in Tabelle 7.4 dargestellt ist.

h [mm]	Δp [Pa]	$\dot{V} = \iint_A w$ [$\frac{m^3}{s}$]	$R = \frac{\Delta p}{\dot{V}}$ [$\frac{Ns}{m^5}$]
0,5	12,26	$3{,}60 \cdot 10^{-8}$	$3{,}41 \cdot 10^8$

Tabelle 7.4: Durch Simulation ermittelter Wert des Strömungswiderstandes

7.5 Elektrochemische Eigenschaften der Messkammer

Da die Impedanz innerhalb der Messkammer einer der Parameter ist, die dynamisch gemessen werden können, ist es notwendig, die elektrochemischen Eigenschaften des Drei-Kammer-Systems mit Hilfe der IDES genau zu verstehen. Der hier verfolgte Ansatz zielt auf ein tieferes Verständnis der Systemantwort des Drei-Kammer-Systems ab. Um die Prozesse innerhalb der Messkammer zu verstehen, müssen viele Faktoren bei der Modellentwicklung berücksichtigt werden. Dabei wird schnell eine Komplexität erreicht, die für die Evaluierung einfacher Phänomene hinderlich ist. Mit den Grundlagen aus Kapitel 6 konnte ein Modell für das Drei-Kammer-System entwickelt werden, das es ermöglicht grundlegende Phänomene der Messzelle zu beschreiben und Veränderungen des Dielektrikums (Zellkultur) adäquat aufzuzeigen.

Alle Impedanzmessungen wurden mit dem Gerät SI1260 [1260A-Impedanz-Analyser] der Firma Solartron Analytical[2] durchgeführt. Dabei wurden die einzelnen IDES der SBM mit dem Messgerät verbunden und die Messkammer in einem Frequenzbereich von 10 **Hertz** (Hz) bis 32 MHz untersucht.

Die Auswertung sowie die Visualisierung der Messergebnisse wurden mit den Programmen ZPlot und ZView der Firma Scribner Associates[3] vorgenommen.

7.5.1 Impedanzspektroskopie

Mit der Impedanzspektroskopie wurde ein Verfahren entwickelt, das in vielen Gebieten angewendet wird, um das dynamische Verhalten von Systemen zu beschreiben oder Systemparameter zu bestimmen. Insbesondere dort, wo periodische Vorgänge untersucht werden sollen, wird die Impedanzspektroskopie eingesetzt. Es kann sich dabei beispielsweise um thermische, akustische, mechanische, fluidische oder elektrische Vorgänge handeln [9]. Die Aufzählung kann beliebig erweitert werden. Abbildung 7.24 verdeutlicht allgemein die Schritte, die betrachtet werden müssen, wenn die Methode der Impedanzspektroskopie verwendet wird.

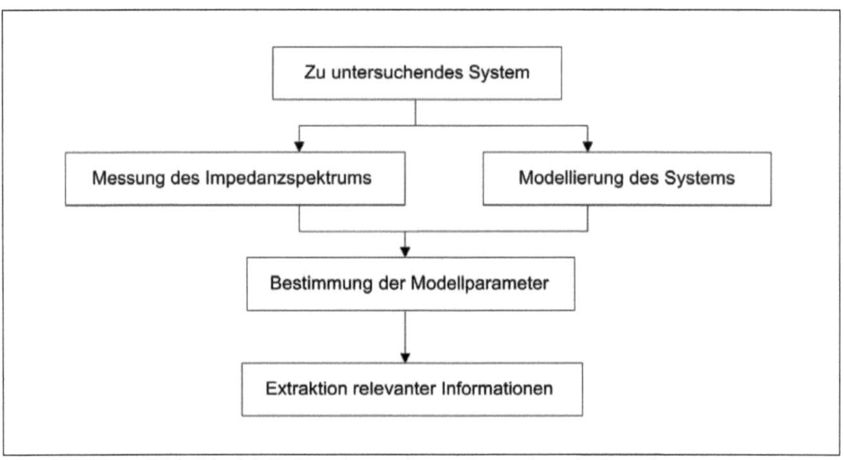

Abbildung 7.24: Prinzipielle Vorgehensweise zur Anwendung der Impedanzspektroskopie

Erst durch Verknüpfen von Systemmodell und Messdaten können die Modellparameter des zu untersuchenden Systems bestimmt werden. Aus den Modellparametern wiederum lassen sich nun relevante Informationen extrahieren. In der Praxis bestehen zwischen den Schritten Interaktionen, die in Abbildung 7.24 aus Gründen der Einfachheit nicht dargestellt sind.

Bevor ein geeignetes Modell für die Messkammer im Drei-Kammer-System gefunden werden konnte, wurden im Vorfeld Impedanzspektren von einzelnen Töpfen aufgezeichnet und

[2]Internetauftritt: www.solartronmetrology.com
[3]Internetauftritt: www.solartronanalytical.com

deren Ergebnisse mit den aus Kapitel 6 gewonnenen Grundlagen verglichen. Durch die Kombination bzw. Verknüpfung verschiedener mathematischer Zusammenhänge (dargestellt durch Schaltungselemente, siehe Abbildung 7.25) konnte ein Modell entwickelt werden, das die Systemantwort der SBM mit und auch ohne Zellen beschreibt. Dieses Modell bildet die Grundlage zur Interpretation dielektrischer bzw. zellmorphologischer Veränderungen.

Modellentwurf

Ziel jedes entwickelten Modells ist es, alle gemessenen Phänomene so gut wie möglich zu beschreiben. In diesem speziellen Fall hier, müssen Elektrodenprozesse und dielektrische Veränderungen innerhalb der Messkammer abbildbar sein. Dabei muss das Model eine gewisse Flexibilität aufweisen, die es erlaubt, realistische Veränderungen innerhalb der Messkammer nachzubilden. Zu einem späteren Zeitpunkt werden dann die gemessenen Phänomene entweder der Elektrode bzw. dem Elektrode-Elektrolyt-Übergang oder dem Dielektrikum zugeordnet. Abbildung 7.25 zeigt das Modell in Form einer Schaltung, das aufbauend auf den Grundlagen aus den Kapiteln 5 und 6 und nach zahlreichen Vorversuchen ermittelt werden konnte.

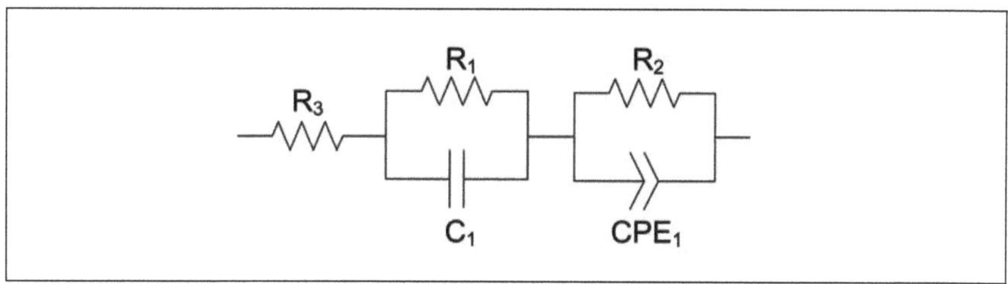

Abbildung 7.25: Ersatzschaltbild zur Beschreibung der dielektrischen Eigenschaften des Drei-Kammer-Systems

CPE_1, entspricht folgendem Zusammenhang:

$$CPE_1 = \frac{1}{CPE - T\,(j\omega)^{CPE-P}}. \tag{7.43}$$

Das Modell beschreibt ein Spektrum, das sich in zwei Bereiche gliedern lässt. Ein bogenförmiger Abschnitt (niedriger Frequenzbereich) beschreibt dabei ladungstransferkontrollierte Eigenschaften, ein linear verlaufender Abschnitt beschreibt diffusionskontrollierte Phänomene in der Messkammer [98] (siehe Abbildung 6.2).

Messergebnisse

Um die Charakteristik der SBM zu beschreiben, wurden in einem ersten Schritt Messungen an verschiedenen Drei-Kammer-Systemen mit unterschiedlichen zellfreien Lösungen vorgenommen. Ziel war es, Unterschiede zu erfassen, die ausschließlich auf Elektrodenprozesse zurückzuführen sind. Im Anschluss wurden diese Versuche mit einer Zellkultur wiederholt. Durch einen direkten Vergleich der gewonnenen Spektren kann somit der Einfluss einer Zellkultur im Messsignal erkannt und anhand des in Abbildung 7.25 dargestellten Modells quantifiziert werden.

Im Folgenden werden die Ergebnisse der einzelnen Messungen mit unterschiedlichen Medien beschrieben. Bei allen Versuchen wurde ein Volumen von 300 µl Medium in die Messkammer gegeben. Im Messbereich von 10 Hz bis 32 MHz wurden 50 Messpunkte bei einer konstanten Spannung von 30 mV erfasst. Der Abstand zwischen den einzelnen Messpunkten nimmt logarithmisch mit der Frequenz zu. Um eine signifikante Aussage über die SBM zu erhalten, wurde bei jeder Versuchsreihe alle 24 Einzelsysteme vermessen und eine mittlere Messkurve berechnet.

Mit Hilfe des Programms ZView wurde diese Messkurve simuliert, und die entsprechenden Werte des Schaltungsmodells (siehe Abbildung 7.25) ermittelt.

Messungen ohne Zellen

Abbildung 7.26 zeigt den Verlauf der gemittelten Impedanzkurven im Nyquist-Plot von deionisiertem Wasser, 0,9-prozentiger NaCl-Lösung, DME-Lösung und DME-Lösung mit 5 Prozent **F**etal **C**alf **S**erum (FCS). Es ist zu sehen, dass es einen ladungstransfer- und einen diffusionskontrollierten Abschnitt ausschließlich bei deionisiertem Wasser gibt. Mit zunehmender Messfrequenz (ω) nähert sich die Kurve dem Koordinatenursprung von Z' und Z".

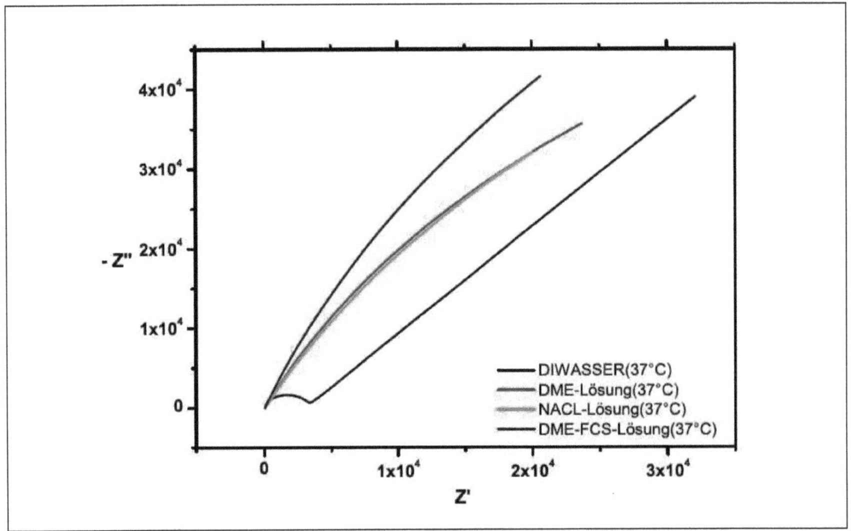

Abbildung 7.26: Impedanzmessung mit vier verschiedenen Medien ohne Zellen (Temperatur 37° Celsius)

In Tabelle 7.5 sind die kalkulierten Werte der Schaltungskomponenten des erstellten Modells zu sehen.

Medium	$R_3(\Omega)$	$R_1(\Omega)$	$C_1(F)$	$R_2(\Omega)$	$CPE-T$	$CPE-P$
deionisiertes H_2O	61,37	3044,86	1,135E-10	7,113E12	1,169E-06	0,5934
$NaCl$ 0,9%	6,429	69,59	1,0E-13	1,89E05	6,0E-07	0,7643
DME-Lösung	0	71,04	1,0E-13	1,67E05	4,692E-07	0,7840
DME-FCS-Lösung	0	71,46	1,0E-13	2,44E05	3,729E-07	0,8244

Tabelle 7.5: Berechnete Größe der Bauelemente für das elektrochemische Modell der Messkammer (ohne Zellen)

Es ist ein grundsätzlicher Unterschied bei deionisiertem Wassers im Gegensatz zu den anderen Messlösungen zu sehen. Der Grund des Kurvenverlaufs ist das frequenzabhängige Verhalten der Schaltungselemente. Der Kondensator C_1 mit einem Wert von 1,135E-10F verursacht den kreisförmigen Kurvenverlauf bei hohen Frequenzen ab 50 kHz. Im niedrigen Frequenzbereich verhält er sich zunehmend wie eine offene Leitung und ist damit vernachlässigbar. Bei abnehmendem Einfluss von C_1 mit steigender Frequenz wird die Schaltung zunehmend vom CPE beeinflusst. Bei Kochsalz-Lösung, DME-Lösung, und DME-FCS-Lösung hat der Wert von C_1 = 1,0E-13F (Ende des Messbereiches) eine vernachlässigbare Größe und minimiert damit seinen Einfluss auf die Systemantwort. Über den gesamten Frequenzbereich wird das Spektrum durch den parallel geschalteten Widerstand R_1 beeinflusst.

In einem weiteren Test wurde der Einfluss der Temperatur untersucht. In Abbildung 7.27 werden die Ergebnisse bei 37° und 25° Celsius gegenübergestellt.

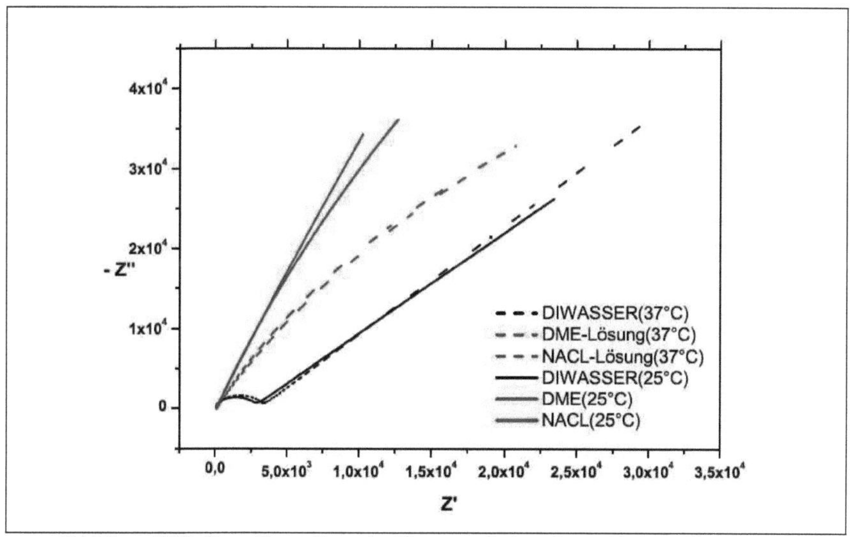

Abbildung 7.27: Gegenüberstellung der Messwerte bei zwei verschiedenen Temperaturen

Beim Vergleich der Lösungen bei verschiedenen Temperaturen wurde festgestellt, dass der Verlauf für deionisiertes Wasser bei verschiedenen Temperaturen fast identisch ist. Änderungen sind jedoch bei den salzhaltigen Lösungen zu erkennen. Es ist deutlich zu sehen, dass die Temperatur einen Einfluss auf den Impedanzverlauf hat. Bei 37° Celsius ist der Betrag der Impedanz gegenüber der bei 25° Celsius leicht erhöht.

Im einem weiteren Versuch wurde das zeitliche Verhalten der Systemantwort untersucht. Hierfür wurden die Systemantworten im Abstand von jeweils zwei bzw. fünf Minuten erfasst und aufgezeichnet. Alle oben beschriebenen Versuchsparameter wurden beibehalten und DME-FCS-Lösung als Messmedium verwendet. Folgende Abbildung 7.28 zeigt die Messergebnisse.

Es ist zu sehen, dass es zu einer Art „Korrektur" des Spektrums in den ersten Minuten kommt. Diese Änderung ist jedoch sehr gering und verläuft exponentiell. Von der 9. bis zur 23. Minute hat sich der Betrag der Impedanz bei 10 kHz um 5,39% verändert.

Messungen mit Zellen

Die Zellen, die an dieser Stelle zur Impedanzmessung verwendet wurden, sind aus einer primären Zelllinie und heißen MCF-7. Näheres über diesen Zelltyp ist in Kapitel 9 nachzulesen.

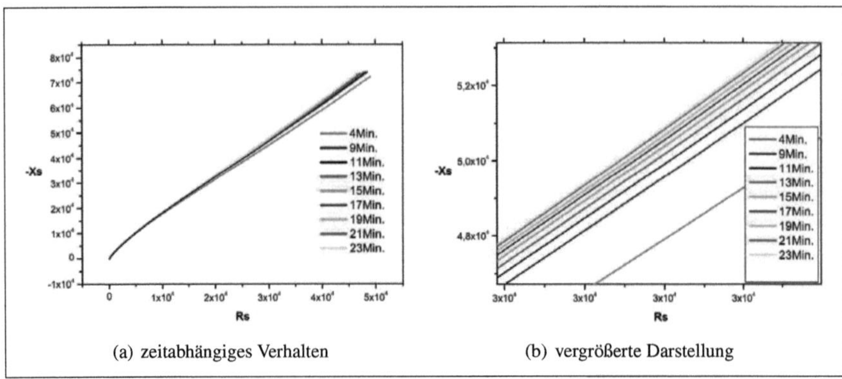

(a) zeitabhängiges Verhalten

(b) vergrößerte Darstellung

Abbildung 7.28: (a) Zeitliches Verhalten der Systemantwort bei DME-FCS-Lösung. (b) Vergrößerter Ausschnitt

Für die Messung wurden 4,0E5 Zellen in 280 µl Messmedium in die Messkammer gegeben. Dabei bestand das Messmedium aus DME-Lösung mit 5% FCS. Nach einer kurzen Anwachsphase waren etwa 70% des Sensorchips von den Zellen bedeckt. Um eine Vergleichbarkeit dieser Messung zu den Messungen ohne Zellen zu erreichen, wurden alle weiteren Messparameter beibehalten. Folgende Abbildung 7.29 zeigt den gemessenen Unterschied zwischen DME-FCS-Lösung mit und ohne Zellen.

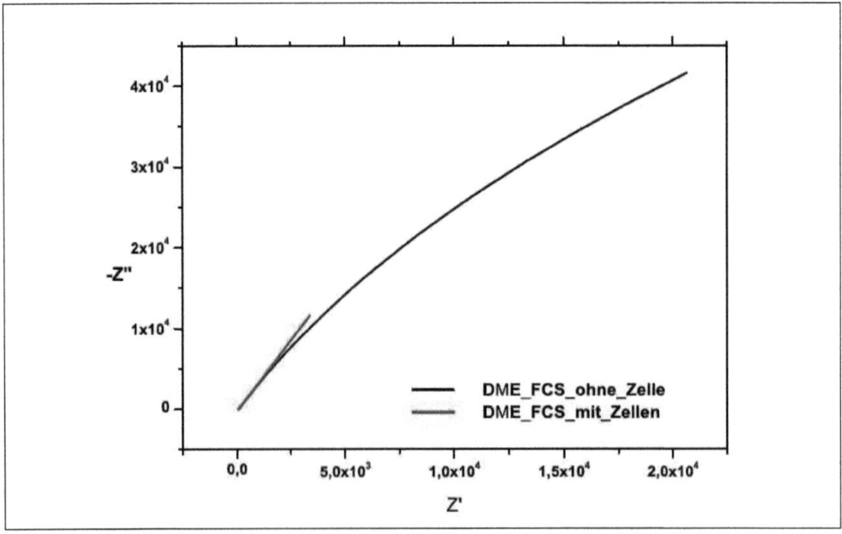

Abbildung 7.29: Impedanzmessung mit DME-FCS-Lösung mit und ohne Zellen (Temperatur 37^0 Celsius)

In Tabelle 7.6 befinden sich die kalkulierten Werte des Schaltungsmodells. Es ist deutlich zu sehen, dass sich der Wert von R_2 am stärksten ändert und somit den Unterschied zwischen zellbehafteten und zellfreiem Medium am stärksten beschreibt.

Medium	$R_3(\Omega)$	$R_1(\Omega)$	$C_1(F)$	$R_2(\Omega)$	$CPE-T$	$CPE-P$
DME-FCS-Lsg	0	71,46	1,0E-13	2,44E05	3,729E-07	0,8244
DME-FCS-Lsg mit Zellen	0	83,64	1,0E-13	1,66E13	1,545E-06	0,8239

Tabelle 7.6: Berechnete Größe der Bauelemente für das elektrochemische Modell der Messkammer mit und ohne Zellen

Im Screeningsystem, so wie es in Kapitel 8 beschrieben ist, wird die Impedanz bei eine Frequenz von 10 kHz gemessen. Aus diesem Grund werden in Abbildung 7.30 und Tabelle 7.7 explizit diese Messpunkte nochmals verdeutlicht.

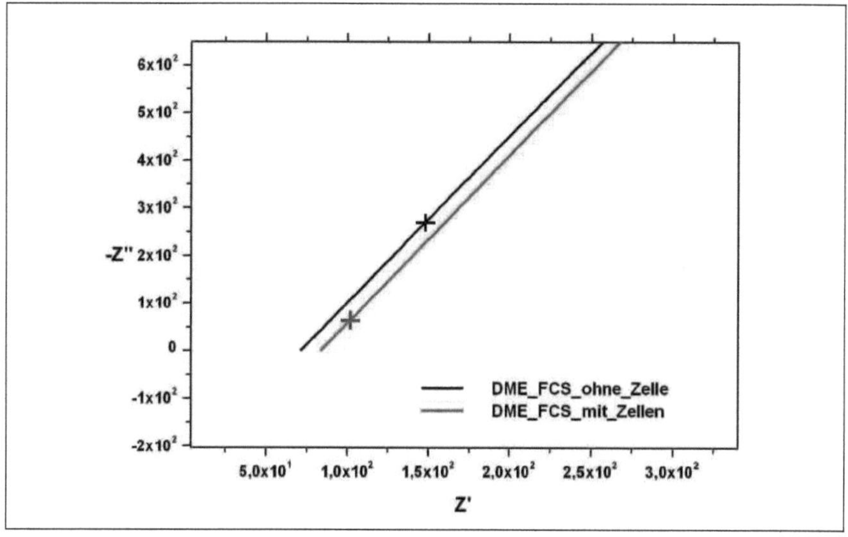

Abbildung 7.30: Impedanzmessung mit DME-FCS-Lösung mit und ohne Zellen. Die Kreuze markieren den Messpunkt bei 10 kHz (Temperatur 37° Celsius)

Medium	Imaginärteil (Z")	Realteil (Z')	|Z| in Ω
DME-FCS-Lsg	269,23	147,97	307,21
DME-FCS-Lsg mit Zellen	65,449	102,23	121,38

Tabelle 7.7: Impedanz der Messkammer bei 10 kHz Messfrequenz

8 Das automatisierte High-Content-Screeningsystem

8.1 Systemkonzept

Das Ziel dieser Arbeit war es, ein neuartiges bioanalytisches Instrument zu konzipieren und zu entwickeln, welches in der Lage ist, die in Kapitel 7 beschriebene sensorbestückte Multiwellplatte (SBM) zu versorgen und die integrierten Sensoren auszulesen. Dabei galt es zu untersuchen, welche bereits verfügbaren Technologien und Messsysteme sich in ein derartiges Gesamtkonzept integrieren lassen und wo die Grenzen dieser Innovationen liegen. Ebenso sollten Erfahrungen aus der Entwicklung füherer Analysesysteme, wie sie in Kapitel 3 beschrieben sind, in das Konzept mit einfließen. Ein wichtiges Kriterium der neuen Analyseplattform lag in einer einfachen und sterilen Handhabung. Ein neues Fluidikkonzept auf Basis eines Pipettierroboters sollte Sterilitätsprobleme, wie sie bei dem bereits entwickelten Mehrkanalsystems auftreten, verhindern. Auf schwer zu reinigende Schlauchverbindungen zur Zellversorgung sollte verzichtet werden. Eine weitere wichtige Herausforderung lag in der Erhöhung der Systemintegration und Erweiterung der Probenanzahl. Um Messergebnisse statistisch bewerten zu können, ist eine Untersuchung mehrerer parallel angeordneter Messkammern unter identischen Bedingungen notwendig.

In diesem Kapitel werden die einzelnen Komponenten des Screeningsystems vorgestellt, ohne zu sehr auf schaltungstechnische Details bzw. Software-Codebeispiele einzugehen. An dieser Stelle soll gezeigt werden, wie Systemschnittstellen konzipiert und definiert werden mussten, um den hohen Anforderungen des Screeningsystems gerecht zu werden. Dabei war es nicht nur wichtig, ein entsprechendes Kommunikationssystem zwischen den einzelnen Systemkomponenten zu konzipieren, sondern auch die physikalischen Schnittstellen in Bezug auf Geometrie oder Atmosphäre mussten neu durchdacht und entwickelt werden.

Das hier vorgestellte Screeningsystem soll es ermöglichen, das dynamische Verhalten von lebenden Zellen in Zellkulturen über ausgedehnte Messzyklen zu betrachten. Entscheidend ist dabei, dass Reaktionen der Zellen auf Änderungen im Milieu, zum Beispiel durch Wirkstoffzugabe, schnell und instantan detektiert werden können. Zusätzlich garantiert eine angepasste Zellversorgung qualitativ hochwertige und reproduzierbare Messdaten. Ein hohes Maß an Integrität und Automatisation ist notwendig, um den hohen Ansprüchen eines HCS-Systems für den Laborbetrieb gerecht zu werden. Die Forschungsarbeit an dieser Stelle liegt in der Entwicklung neuartiger Ansätze, die auf der einen Seite für eine zellangepasste Umgebung sorgen und auf der anderen Seite keine Wechselwirkungen mit den verwendeten Messsystemen zur Detektion der Sensorsignale eingehen [90, 91].

Unterstützt wurden die Arbeiten am Gesamtsystem von mehreren Projektpartnern. Die Firma Thermo Electron Corporation AG übernahm an dieser Stelle die Fertigung des Pipettierroboters nach unseren Angaben und stellte zwei Klimaschränke zur Temperierung des Gesamtsystems zur Verfügung. Die Firma RAWE Electronic GmbH entwickelte eine Messschaltung zur simultanen Auslese von 24 parallel angeordneten Impedanzsensoren (IDES, siehe Kapitel 7.3.2). Die Firma PreSens GmbH adaptierte ein bereits bestehendes optisches Messgerät in der Weise, dass es die Schnittstellenbedingungen der SBM erfüllt und damit zur Erfassung des pH- und des pO_2-Wertes geeignet ist.

Folgende Abbildung 8.1 zeigt den schematischen Aufbau des Screeningsystems mit seinen Einzelkomponenten.

Das Gesamtkonzept des Screeningsystems verfolgt einen strikt modularen Ansatz. Aus diesem Grund war es auch möglich, verschiedene Prototypen mit unterschiedlicher optischer Messtechnik parallel aufzubauen, ohne dass die Hardware- bzw. Softwarestruktur erheblich angepasst

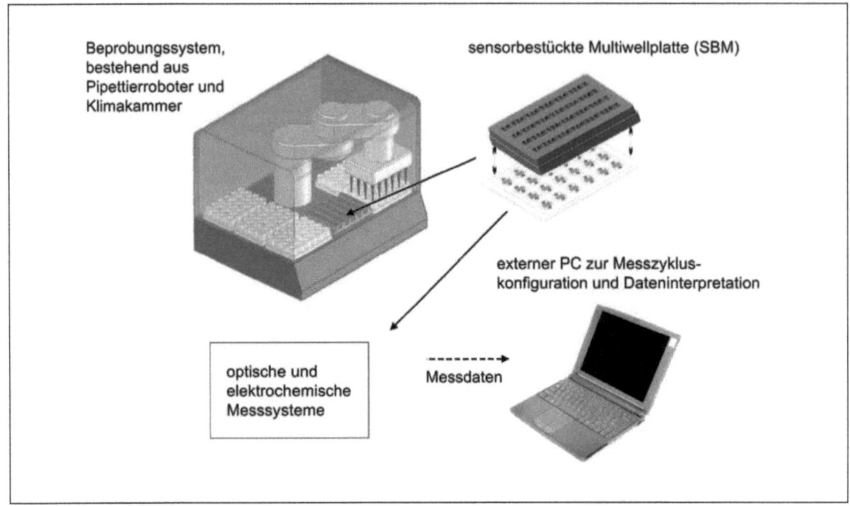

Abbildung 8.1: Schematische Darstellung des Screeningsystems, bestehend aus einem klimatisierten Beprobungssystems, einer sensorbestückten Multiwellplatte, verschiedenen optischen/elektrochemischen Messystemen und einem Steuerrechner zur Messkonfiguration und Datenanalyse. [90]

werden musste. Folgende Ausbaustufen wurden realisiert:

1. Dosiervorrichtung mit Impedanzmessschaltung und Kontaktierung zur SBM
2. Wie 1., zusätzlich mit vollautomatischem Mikroskop (siehe Kapitel 8.2.4)
3. Wie 1., zusätzlich mit pH-pO_2-optoelektronischem-Messblock (siehe Kapitel 8.2.3)

Folgende Abbildung 8.2 zeigt die beiden voll funktionsfähigen Prototypen in verschiedenen Ausbaustufen. Auf der rechten Seite ist der Aufbau mit dem vollautomatischem Mikroskop zu sehen. Dabei ist das Mikroskop in der Lage, den pH- bzw. pO_2-Wert im extrazellulären Medium mit Hilfe der in die SBM integrierten Optoden zu detektieren (siehe Kapitel 8.2.4). Auf der linken Seite ist das Mikroskop durch den pH-pO_2-optoelektronischen-Messblock der Firma PreSens aus Regensburg (siehe Kapitel 8.2.3) ersetzt. In der Mitte befindet sich ein Rack mit dem Steuerrechner und notwendiger Peripheriegeräte.

In den folgenden Abschnitten werden die einzelnen Systemkomponenten und deren Arbeitsweise vorgestellt.

8.2 Systemkomponenten/Hardware

Abbildung 8.3 zeigt das Hardware-Schnittstellenkonzept des Screeningsystems.

Zu sehen ist ein Konzept der verteilten Intelligenzen. Ein zentraler Rechner steuert verschiedene Module mit unterschiedlichen Aufgaben. Dabei übernimmt der Zentralrechner (intern) die Verteilung von Befehlen und die zeitliche Steuerung der einzelnen Module. Dabei ist wichtig, dass alle am Kommunikationsnetz beteiligten Partner eine hohe Eigenverantwortung bei der Abarbeitung ihrer Aufgaben besitzen. Das dargestellte modulare Konzept erlaubt nicht nur die systematische Aufgabenverteilung und Clusterung dieser innerhalb einzelner Module, sondern

Abbildung 8.2: Prototypen des automatisierten Screeningsystems (zwei Ausbaustufen). a) Pipettierroboter, b) SBM, c) automatisiertes Lichtmikroskop, d) pH-pO_2-optoelektronischen-Messblock, e) Steuerrechner [91]

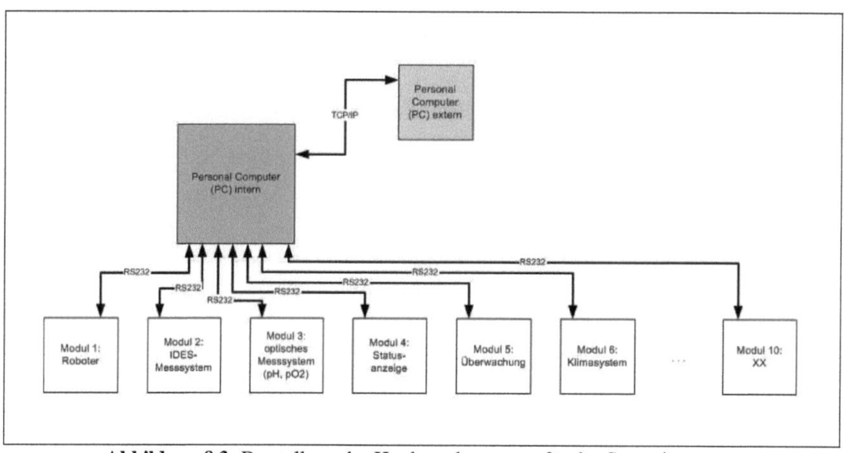

Abbildung 8.3: Darstellung des Hardwarekonzeptes für das Screeningsystem

ermöglicht ebenso die Parallelentwicklung der Systemkomponenten.

Unter der hier realisierten übergeordneten zentralen Steuerung durch den Zentralrechner versteht man die systemzeitkontrollierte Absetzung möglichst abstrakter Befehle und die Speicherung der dadurch generierten Daten. Die Berücksichtigung dieses Aspekts war notwendig, damit die in Kapitel 8.3.2 beschriebene Steuersoftware mit dem hier vorgestellten Hardwarkonzept zusammenarbeitet.

Alle innerhalb dieses Kommunikationsnetzes beteiligten Partner müssen auf physikalischer Ebene den gleichen Schnittstellenbedingungen genügen. Hier wurde ein einfacher serieller Übertragungsstandard zur Datenübermittlung gewählt. Da das Datenaufkommen zwischen den Kommunikationspartnern sehr gering ist, erwies sich der serielle **E**lectronic **I**ndustries **A**lliance-232 (EIA-232) Standard zur Datenübermittlung als ausreichend. Ein zuerst favorisiertes Bussystem wurde jedoch verworfen, da der zusätzliche Aufwand nicht gerechtfertigt werden konnte. Alle am Kommunikationsnetz beteiligten Partner hätten zusätzliche Hardware mit entsprechenden Bustreibern benötigt. Ferner hätte ein geeignetes Kommunikationsprotokoll für das Screeningsystem entworfen werden müssen, um die Möglichkeiten und Vorzüge eines Bussystems auch ausnutzen zu können.nDie jetzt verwendete serielle Schnittstelle war bereits in verwendete Komponenten integriert oder konnte leicht in Schaltungen integriert werden.

Ein externer Computer dient zur Messablaufkonfiguration und Dateninterpretation.

8.2.1 Die Robotik

Die Schnittstelle zwischen der integrierten Mikrofluidik (siehe Drei-Kammer-System, Kapitel 7.4) und einer „Makrofluidik", welche die Versorgung der sensorbestücken Multiwellplatte mit Nähr- bzw. Wirkstoffen im Allgemeinen beschreibt, wird durch einen Pipettierroboter realisiert. Zusätzlich soll diese Anlage auch das direkte automatisierte Animpfen von Zellen auf den Sensorchips leisten. Erst mit Hilfe eines automatisierten Versorgungssystems können hochwertige und aussagekräftige Messergebnisse zur Evaluierung von Wirkstoffen durch Langzeitstudien über mehrere Stunden und Tage gewonnen werden [22, 162].

Die Mechanik

Es hat sich im Verlauf der ersten Studien auf dem Weg zu einem Komplettgerät gezeigt, dass die Handhabungen zur sterilen Vorbereitung und die Aufstell- und Umgebungsbedingungen während des Einsatzes wesentlichen Einfluss auf die Dimensionierung des Gerätes haben. Dabei wurde deutlich, dass extrem kompakte Außenabmessungen anzustreben sind, da ansonsten ein Einsatz unter einer handelsüblichen Clean-Bench oder innerhalb eines Brutschranks nicht mehr praktikabel ist. Neben der SBM sind bis zu sieben weitere Multiwellplatten mit 24 oder 96 Kavitäten in den Sterilraum einsetzbar. Diese beinhalten die für eine Messung notwendigen Nähr- bzw. Wirklösungen [90].

Alle Komponenten, die mit den Medien in Berührung kommen, sind leicht wechselbar als Einwegartikel oder dampfsterilisierbar. Der 24-Kanal-Dosierkopf ist abnehmbar und bei 121°C dampfsterilisierbar. Die Zu- und Ab-Dosierung der Medien erfolgt über handelsübliche steril gelieferte Pipettenspitzen.

Um den geeignetsten Aufbau der Robotik zu finden, wurden Designstudien angefertigt und deren Pros und Kontras gegeneinander abgewogen. Die dabei entstandenen Optionen sind in den drei schematischen Zeichnungen in Abbildung 8.4 dargestellt.

Eine Reihenanordnung der Multiwellplatten, wie sie in Abbildung 8.4 (a) zu sehen ist baut sehr breit, was eine präzise Führung des Dosierkopf-Schlittens problematisch macht. Eine gleichförmige Innenraumtemperatur und eine definierte Innenraumströmung der Atmosphäre sind ebenfalls schwer zu erreichen.

Es wurden weitere Anordnungen untersucht, die kreisförmig gestaltet und über einen Dreharm sternförmig mit einem Gelenk positionierbar sind (siehe Abbildung 8.4 (b)). Bei diesen Varianten bleibt der Dosierkopf über eine Kopplung zu seiner Schwenkbewegung parallel ausgerichtet,

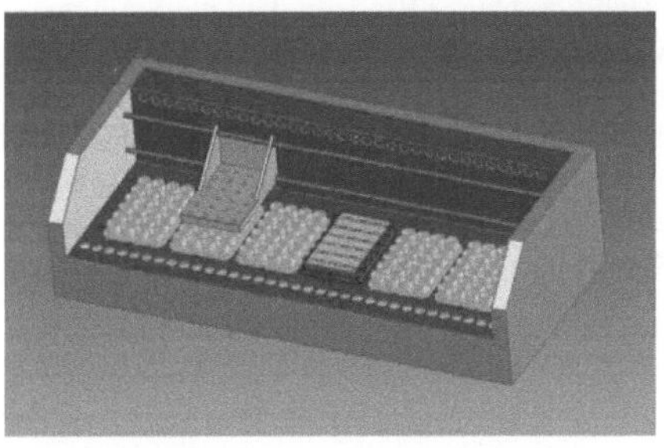

(a) Reihenanordnung der Multiwellplatten

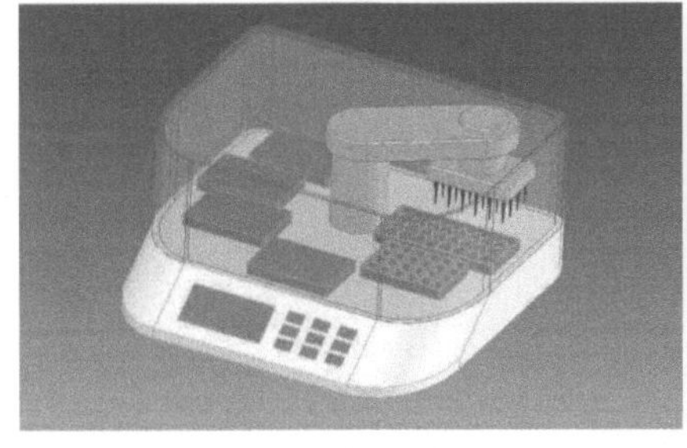

(b) Eingelenkdesign

(c) Doppelgelenkdesign

Abbildung 8.4: Verschiedene Designstudien zum Aufbau der Robotik [76]

so dass die Titerplatten ebenfalls parallel positioniert werden können. Dadurch wird eine kompaktere Bauform erreicht, als es mit einer Sternanordnung möglich ist. Die zusätzlichen Multiwellplattenstationen müssen verschiedene Aufgaben im Gesamtsystem übernehmen. Eine Entsorgungsstation, in die eine sogenannte Deepwell-Platte mit ca. 4-fachem Aufnahmevolumen eingesetzt wird und mehrere Vorratsplatten sowie eine Waschstation und eine Pipettenspitzen-Aufnahme und -Abgabe-Station sind vorgesehen.

Nach einer Recherche über die Abmessungen von handelsüblichen Clean-Bench-Systemen wurde jedoch klar, dass die Außenabmessungen des Komplettgerätes weiter verkleinert werden mussten, um die Reinluftströmung - und damit die Reinraumfunktion als solche - innerhalb dieser Bänke nicht erheblich zu stören. Gerade bei geöffneter Haube oder offenen Schwenktüren und dadurch vergrößertem Platzbedarf in der Bestückungsphase sind Strömungsstörungen unerwünscht. Geringere Abmessungen kommen auch einem möglichen Betrieb direkt innerhalb von geeigneten Brutschränken entgegen. Die Einführung eines Doppelgelenks im Pipettierroboterarm gestattet eine minimierte Bauform (siehe Abbildung 8.4 (c)). Mit dieser Ausgestaltung des Bewegungsapparates können statt ausschließlich 24-Well-Platten auch 96-Well-Platten genutzt werden, wobei jeweils 24 Wells parallel zugänglich sind. Damit werden Anwendungen erschlossen, die z. B. eine größere Zahl unterschiedlicher Dosiervorräte, Medien oder Substratvarianten benötigen.

Die Impedanzmessschaltung wurde in den Fuß des Pipettierroboters integriert. Diese Platine beinhaltet eine Reihe mit gefederten Kontaktstiften, die nach dem Einsetzen der SBM auf deren Kontaktleiste definiert aufgesetzt werden muss. Dazu wurde eine Mechanik konstruiert, die die gesamte Platine auf die Kontaktleiste herabschwenkt und einrastet. Zur Betätigung dient ein um die Zentralsäule per Hand drehbarer Ring, an dem die Stellung offen - geschlossen optisch erkennbar ist. In geschlossenem Zustand ist die SBM verriegelt und kann nicht entnommen werden. Dadurch wird einer Beschädigung der Kontaktstifte durch Fehlbedienung vorgebeugt. Die Messplatine wurde komplett gekapselt, da wegen der Empfindlichkeit der elektrischen Messungen Verschmutzungen zu Messfehlern führen könnten. Auch die vergoldeten Federstifte sind gegen Berührung und Verschmutzung über den metallischen Kragen des Sockels geschützt. Folgende Abbildung 8.5 zeigt den schematischen Aufbau.

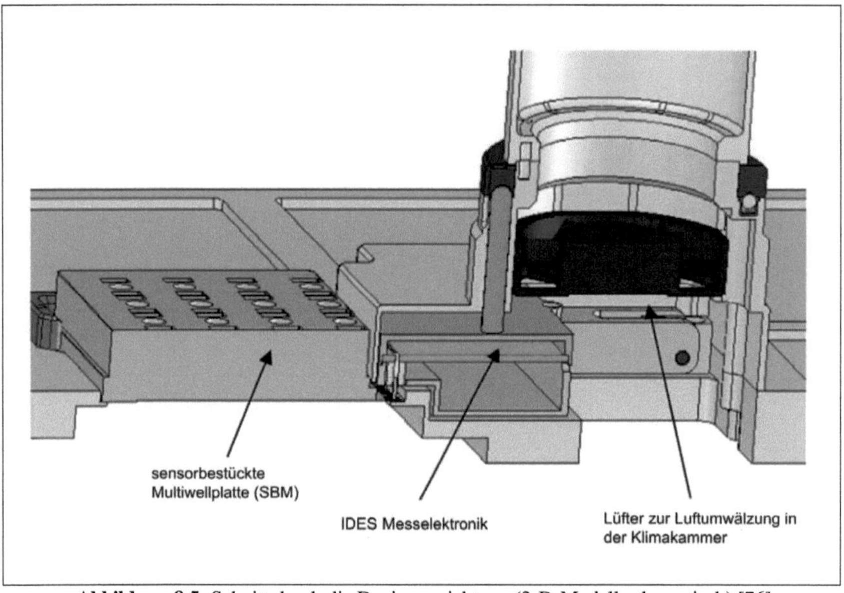

Abbildung 8.5: Schnitt durch die Dosiervorrichtung (3-D-Modell schematisch) [76]

Die gekapselte Mess- und Kontaktierungs-Platine konnte so kompakt gestaltet werden, dass im Sockel unter der Zentralsäule ein genügend großer Öffnungsquerschnitt für die Lüfter-Zirkulation und den Kabelbaum für die Schrittmotorversorgung zur Verfügung steht.

Die SBM ist nach dem Einsetzen genau positioniert, was zur Kontaktierung notwendig, aber insbesondere in der Mikroskop-Ausbaustufe von Bedeutung ist, da ansonsten definiert angefahrene Bereiche bzw. Zellen mit hoher Vergrößerung beim erneuten Einsetzen der Multiwellplatte nicht mehr wiedergefunden werden können.

Der Durchbruch in der Grundplatte unter der SBM konnte derart ausgestaltet werden, dass das Objektiv, das vollautomatisch bis auf wenige zehntel Millimeter an den gläsernen Boden der SBM herangefahren muss (Schärfeneinstellung), auch in den Rand- bzw. Eck-Wells der SBM genügend Freiraum findet, um diese Wells komplett zu beobachten. Die Grundplatte wurde verstärkt, um die geforderte Ebenheit bzw. Winkeltreue zur Basis des Mikroskops zu gewährleisten (siehe Abbildung 8.6). Eine ständige Neueinstellung der Tiefenschärfe bei x-y-Bewegungen des Mikroskops, würde die Gesamtzeit zum Scannen aller Wells unnötig erhöhen.

Die Schrittmotorsteuerung

Um Zugang zu der vollen Funktionalität der Robotik zu haben, wurde im Zuge dieser Arbeit eine Schrittmotorschaltung zur gleichzeitigen Bedienung von 4 Schrittmotoren entwickelt. Zwei

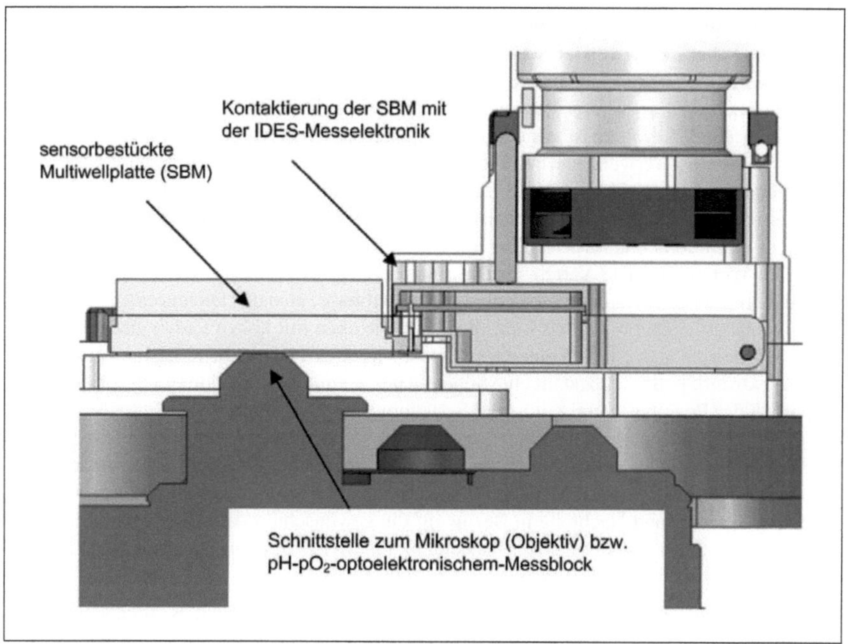

Abbildung 8.6: Schnitt durch die Dosiervorrichtung mit Schnittstelle zu optischen Messsystemen (3-D-Modell schematisch) [76]

Schrittmotoren dienen dabei der x-y-Positionierung, ein Schrittmotor hebt und senkt den Dosierkopf mit 24 Pipettenspitzen und ein Motor bedient die Volumenzu- bzw. abgabe.

Abbildung 8.7 zeigt die Positionen der einzelnen Motoren innerhalb des Roboterarms.

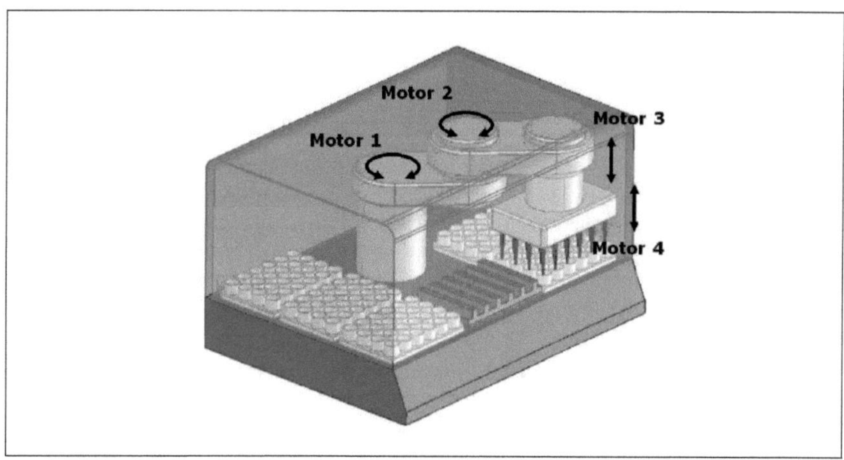

Abbildung 8.7: Übersicht über die Anzahl der verwendeten Schrittmotoren und deren Plazierung innerhalb der Robotik

Grundsätzlich gibt es zwei verschiedene Methoden, den Roboterarm zu automatisieren. Der hier verfolgte Ansatz verwendet Schrittmotoren, um definierte Bewegungsmuster der einzelnen Gelenke zu vollziehen. Ein anderes Ansatz mit Servomotoren wäre durchaus auch denkbar. Im Gegensatz zum Servomotor kann der Schrittmotor jedoch leicht und kostengünstig ohne Verwendung eines Regelungssystems oder ein separates Messsytem positioniert werden. Ein Encoder, wie er hier verwendet wird, kann die tatsächliche Position zusätzlich messen und sie an die integrierte Überwachungselektronik melden. So kann durch den Vergleich von Soll- und Ist-Position unter anderem eine mechanische Belastung erkannt werden. Bei kurzen Distanzen und früher Drehmomentanforderung ist der Schrittmotor auch wegen seiner geringen Eigenträgheit im Vorteil [26]. Der Vorteil des Servomotors liegt darin, dass er einen weitaus höheren Drehzahlbereich fahren kann und dass die Leistungsabgabe, also das Drehmoment, über diesen Bereich konstant gehalten werden kann. Bei langen Hüben mit hohen Geschwindigkeiten und Massen würde sich also ein Servomotor anbieten. Mit einer entsprechend leistungsfähigen Regelungselektronik ließe sich zudem eine höhere Auflösung in der Positionierung erzielen. Auch hinsichtlich der Positionierungszeit ist der Servomotor im Vorteil, da er kurzzeitig bis zu einem Fünffachen seiner Normallast bestromt werden kann und dadurch im Millisekundenbereich ein überproportionales Drehmoment aufbauen kann [26]. Deutlicher Nachteil der Servomotoren ist aber, dass der Schaltungsaufwand und die Abstimmung des Motors sehr anspruchsvoll sind. In Abwägung der Vor- und Nachteile in Bezug auf die gewünschten Anforderungen überzeugten die Aspekte der Schrittmotoren. Die Entscheidung für ein Konzept, welches auf Schrittmotoren aufbaut, hat sich als die richtige Wahl herausgestellt.

Folgenden Anforderungen an das Steuerungssystem im allgemeinen galt es zu genügen.

- Die verschiedenen Motoren müssen gleichzeitig und unabhängig voneinander aktiv sein
- Das System soll mit Hilfe einer Hochsprache programmierbar und damit leicht anpassbar sein
- Die Beschleunigungen und Verzögerungen im Fahrprofil sollen über Rampen einstellbar sein
- Fehler, wie eine Blockade des Motors, sollen selbständig erkannt werden
- Die erforderliche Ortsgenauigkeit des Pipettenkopfes soll durch eine automatische Kalibrierung erfolgen

Nach einer Recherche zu vorhandenen Schrittmotorsteuerungen wurde ein Schaltungskonzept aufbauend auf vier verschiedenen Mikrochips favorisiert. Diese Chipauswahl gewährleistet eine hochsprachige und damit einfache Bedienung des Roboters über eine standardisierte serielle Schnittstelle. Um eine angemessene und exakte Positionierung der Pipettenspitzen zu ermöglichen, werden Verfahrwege mit Hilfe vorgegebener Geschwindigkeitsprofile (Rampencharakteristik) abgearbeitet, und Schrittfehler detektiert. Ein Mikrocontroller (PIC18F87J10) aus dem Hause Microchip enthält die Steuerfirmware und steuert über einen **S**erial **P**eripheral **I**nterface (SPI)-Bus zwei Motorsteuerungen (TMC428), die wiederum jeweils zwei Motortreiber (TMC246) bedienen. Motorsteuerungs-, Motortreiber- und Decoderchip zur Schrittfehlererkennung sind von Trinamic[1].

Abbildung 8.8 zeigt die entwickelte und bestückte Schaltung. Ein Dauertest des Prototypen über 500 Stunden verlief erfolgreich.

Die auf dem Mikrocontroller befindliche Firmware ermöglicht es dem Benutzer, verschiedene Befehle über die EIA-232 Schnittstelle zu senden und ausführen zu lassen. Die unterschiedli-

[1] Internetauftritt: www.trinamic.com

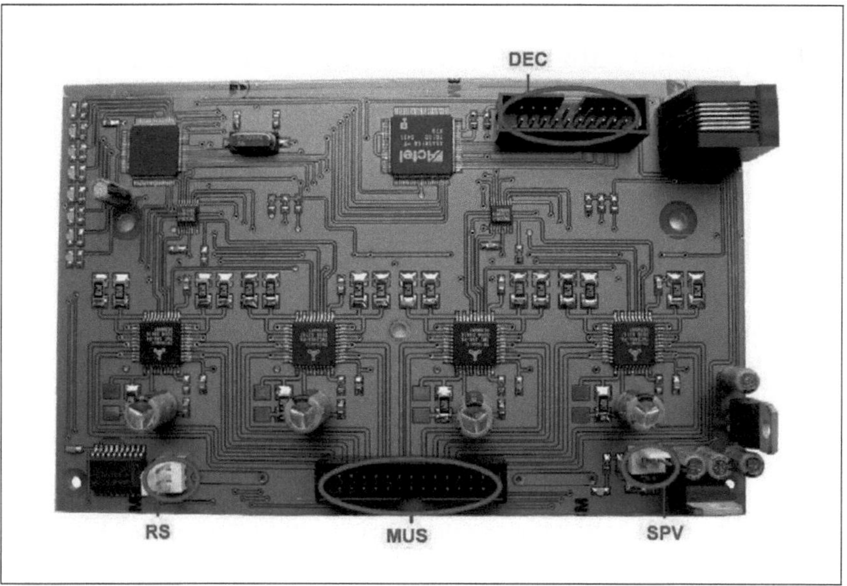

Abbildung 8.8: Prototyp der Schrittmotorsteuerung für den Pipettierroboter. DEC = Anschluss für die Decoder zur Schrittfehlerüberwachung, RS = EIA-232 Schnittstelle, MUS = Anschluss für die Schrittmotoren und Endschalter, SPV = Anschluss der Spannungsversorgung

chen Befehle beginnen jeweils mit einem Schlüsselbyte, das die Art des Kommandos angibt, und einer bestimmten Anzahl von Datenbytes. Wurde ein Befehl abgearbeitet, wird als Antwort „Ok Position:[Wert]" bei korrekter Abarbeitung bzw. „Er Position:[Wert]" im Fehlerfall ausgegeben. Tabelle 8.1 listet alle zugänglichen Befehle auf.

Schlüsselbyte (hexadezimal)	Anzahl Datenbytes	Befehl
0x23	4	SPI-Datagramm an Motorsteuerung 1
0x24	4	SPI-Datagramm an Motorsteuerung 2
0x30	2	XY-Positionierung
0x31	1	Z-Positionierung
0x32	3	Volumendosierung
0x40	0	Parameterreset
0x41	0	Referenzfahrt
0xE0	0	Fehlerausgabe
0xDC	1	(De)Aktivieren des Decoders

Tabelle 8.1: Befehle zur Bedienung der Schrittmotorsteuerung

Die Kommunikation findet mit einer Geschwindigkeit von 19200 **Baud** (Bd) mit einem Stoppbit und ohne Parity-Bit statt. Bei einem Befehl zur Bewegung des Pipettierroboters wird ein Kommando mit dem Schlüsselbyte 0x30 (hexadezimal) gefolgt von zwei weiteren Bytes, das erste für die Hauptposition, das zweite für die Unterposition gesendet. Abbildung 8.9 zeigt die Aufteilung der verfügbaren Plattenpositionen.

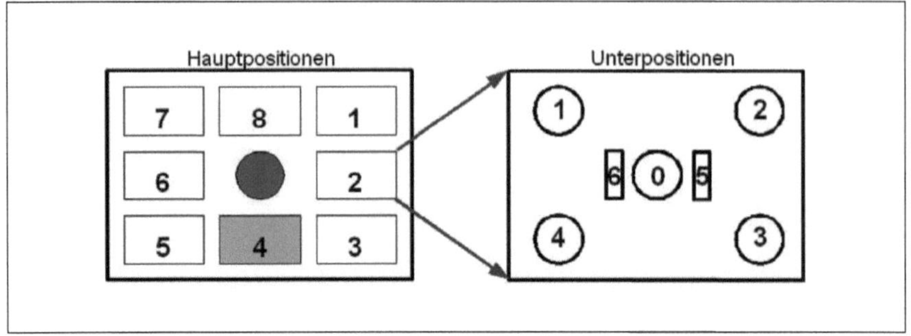

Abbildung 8.9: Aufteilung der Dosiervorrichtungsgrundplatte (Draufsicht). Über jeder der hier adressierbaren Haupt- und Unterpositionen können die Pipettenspitzen plaziert werden

Jede Hauptposition lässt sich dabei durch weitere Unterpositionen konkretisieren. Durch die Unterteilung der Hauptpositionen und durch das vom Dosierkopf vorgegebene Rastermaß der Pipettenspitzen können auch 96-Well-Platten bedient werden.

Soll beispielsweise eine 24-Well-Platte auf Hauptposition „2" (Position 2.0) angefahren werden, so wird dies durch folgenden Befehl veranlasst: „0x30 0x02 0x00"

8.2.2 Das Impedanzmessgerät

Wie in Kapitel 7 beschrieben wurde, befinden sich 24 IDES innerhalb der SBM, die elektrisch ausgelesen werden. Dazu wird eine Messschaltung benötigt, die hoch sensibel Impedanzen im Bereich von wenigen Ohm bzw. piko Farad messen kann. Unterstützt wurde diese Arbeit von der Firma RAWE Electronic, die speziell für die Anforderungen des Screeninggerätes eine Messschaltung entwickelte und dem Heinz Nixdorf-Lehrstuhl für Medizinische Elektronik zur Verfügung gestellt hat. In Abbildung 8.10 ist die Schaltung mit einem Biosensorchip (Glasbodenvariante) zu sehen. In den Abbildungen 8.5 und 8.6 wurde bereits dargestellt, wie die Messplatine gekapselt und möglichst nah an der SBM in das Gesamtsystem integriert wurde. Die Kontaktierung der Multiwellplatte wird über Federkontaktstifte realisiert, die auf eine Trägerleiterplatte führen. Die Stifte sitzen in einem Kontaktblock.

Das Konzept der Messschaltung baut auf einem 16 Bit Mikrocontroller der Fa. Atmel auf und ist in der Lage, alle 24 IDES-Strukturen quasi parallel zu vermessen. Ein Multiplexer am Ausgang der Schaltung schaltet hierfür einen sinusförmigen Spannungsverlauf auf die jeweils zu untersuchende Proben. Die Messfrequenz kann über eine EIA-232 Schnittstelle zwischen 1000 Hz und 10 kHz eingestellt werden. Die angelegte Spannung ist auf 10 mV_{eff} begrenzt. Die Anzahl der Messschwingungen und die daraus resultierende Messzeit und Mittelwertbildung ist programmierbar. Das Ergebnis wird in ASCII formatiert und nach einem Messzyklus über die Schnittstellen ausgegeben, über die die Messschaltung mit Hilfe verschiedener Befehle auch bedient werden kann. Die Festlegung auf diese Messparameter ergab sich zum einen aus der Literatur [41, 101], zum anderen sollten die Belastungen der Zellproben so gering wie möglich gehalten werden.

Bei jedem Messdurchlauf wird eine komplette Synchronisation und Kalibrierung durchgeführt. Die Synchronisation verhindert einen Gleichspannungsanteil auf der Probe. Ein hoch präziser Widerstand an einem Port des Multiplexers dient hierfür als Referenz. Pro angelegter Sinuswelle gibt es mehrere Messpunkte die zur Detektion des in die Probe fliesenden Stroms dienen. Da-

Abbildung 8.10: Impedanzmessplatine mit Biosensorchip (Glasbodenvariante) zur Parallelmessung von bis zu 24 IDES [129]

bei werden zwei Messpunkte an den Nulldurchgängen zur Bestimmung des kapazitiven Anteils und zwei Messpunkte an den Scheitelpunkten der Sinuswelle zur Bestimmung des resistiven Anteils herangezogen [129]. Unter Berücksichtigung aller schaltungsimmanenten mathematischen Beziehungen ergibt sich folgende Relation:

$$u_{MW_1}(t) - R_{UI} * i_{sens_1}(t) = u_{MW_2}(t) - R_{UI} * i_{sens_2}(t). \tag{8.1}$$

Dabei stellt u_{MW} die Spannung zum jeweiligen Messzeitpunkt, i_{sens} den jeweils dazu gemessenen Strom und R_{UI} den Widerstand des Spannungs-Strom-Wandlers dar.

Bestimmung des Widerstands

Nach dem Ohmschen Gesetz ergibt sich der Widerstand zu einem beliebigen Zeitpunkt x zu:

$$R_{MP_x} = \frac{u_{Probe}}{i_{sens}(t)} = \frac{\widehat{u} * sin(\omega t)}{i_{sens}(t)}. \tag{8.2}$$

Da die Widerstandsbestimmung zu den beiden Scheitelwerten der angelegten sinusförmigen Spannung erfolgt, ist $sin(\omega t) = 1$ am positiven (MP_1) und $sin(\omega t) = -1$ am negativen (MP_2) Maximalwert.

Daraus ergibt sich

$$R_{MP_1} = \frac{u_{Probe}}{i_{sens_1}} = \frac{\widehat{u}_{Probe}}{i_{sens_1}} \tag{8.3}$$

bzw.

$$R_{MP_2} = \frac{u_{Probe}}{i_{sens_2}} = \frac{-\widehat{u}_{Probe}}{i_{sens_2}}. \tag{8.4}$$

Formt man Formel 8.1 um, so ergibt sich

$$u_{MW_1} - u_{MW_2} = R_{UI} * (i_{sens_1} - i_{sens_2}). \tag{8.5}$$

Nach dem Einsetzen von i_{sens_1} und i_{sens_2} aus den Gleichungen 8.3 und 8.4 erhält man

$$u_{MW_1} - u_{MW_2} = R_{UI} * \widehat{u}_{Probe} * \left(\frac{1}{R_{MP_1}} + \frac{1}{R_{MP_2}}\right). \tag{8.6}$$

Mit $R_{MP_1} = R_{MP_2} = R_M$ gilt:

$$R_M = \frac{R_{UI} * \widehat{u}_{Probe} * 2}{u_{MW_1} - u_{MW_2}}. \tag{8.7}$$

Bestimmung der Kapazität

Um den kapazitiven Anteil zu bestimmen, werden die beiden Messwerte bei den Nulldurchgängen der sinusförmigen Spannungskurve zur Berechnung herangezogen. Prinzipiell gilt

$$C = i/\frac{du}{dt}, \tag{8.8}$$

wobei

$$\frac{du}{dt} = \frac{d(\widehat{u} * sin(\omega t))}{dt} = \widehat{u} * \omega * cos(\omega t) \tag{8.9}$$

die erste Ableitung der an der Probe anliegenden Spannung nach der Zeit ist.

Zu den Zeitpunkten MP_1 (0 Grad) ist $cos(\omega t) = 1$ und zum Zeitpunkt MP_2 (180 Grad) ist $cos(\omega t) = -1$.

Daraus folgt:

$$i_{sens_1} = C * \widehat{u} * \omega \tag{8.10}$$

bzw.

$$i_{sens_2} = -C * \widehat{u} * \omega. \tag{8.11}$$

Nach dem Einsetzen von i_{sens_1} und i_{sens_2} in Gleichungen 8.5 und umformen nach C erhält man

$$C = \frac{u_{MW_1} - u_{MW_2}}{2 * R_{UI} * \widehat{u} * \omega}. \tag{8.12}$$

8.2.3 Das optoelektronische Messsystem zur Messung des pH- und pO_2-Wertes

Das Messprinzip des in dieser Arbeit verwendeten optischen Messsystems beruht in der Regel auf einem chemischen Erkennungsystem (z. B. Fluoreszenzfarbstoff), das an der Spitze eines Lichtleiters aufgebracht wird. Über einen Lichtleiter wird ein Anregungslicht gesendet und der Farbstoff innerhalb eines optischen Sensors (Optode) zur Fluoreszenz angeregt. Die Fluoreszenzeigenschaften des Farbstoffes sind dabei von der Konzentration des Analyten abhängig. Das emittierende Fluoreszenzlicht der Optode wird in den Lichtleiter eingekoppelt und über einen Photomultiplier verstärkt und ausgewertet.

Fluoreszenz

Unter Fluoreszenz versteht man die spontane Lichtemission die beim Übergang von einem angeregten Systemzustand zu einem niedrigeren abgegeben wird. Dabei wird dieser Prozess durch die Absorption elektromagnetischer Strahlung bestimmter Wellenlänge initiiert. Sowohl Fluoreszenz als auch Phosphoreszenz sind Formen der Lumineszenz. Die Fluoreszenz unterscheidet sich jedoch von der Phosphoreszenz dadurch, dass das Nachleuchten des Stoffes, nach Beendigung der Bestrahlung deutlich schneller abklingt als bei der Phosphoreszenz. Typische physikalische Systeme, bei denen Fluoreszenz auftritt, sind Atome, Moleküle und Ionen [122].

Abbildung 8.11 zeigt ein vereinfachtes Jablonski-Diagramm, mit dem sich Übergangsintensitäten zwischen verschiedenen Schwingungszuständen unterschiedlicher elektronischer Zustände berechnen lassen.

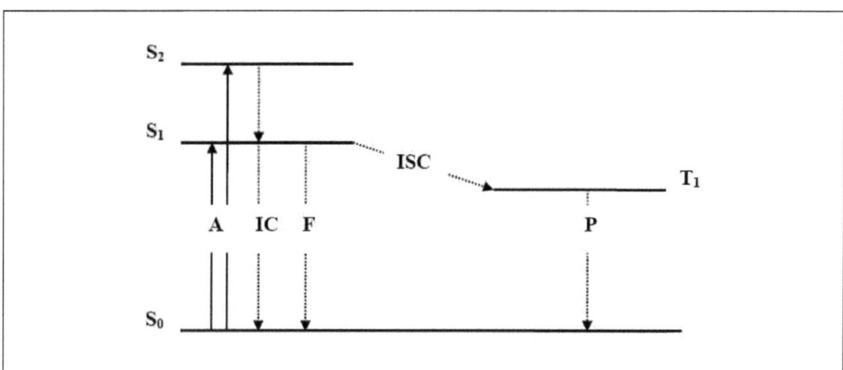

Abbildung 8.11: Jablonski-Diagramm. S_0, S_1 und S_2 stellen Singulett-Zustände dar. T_1 ist ein Triplettzustand. Nachdem Energie vom Molekül absorbiert wurde (A), kann diese durch „internal conversion“ (IC), durch Fluoreszenz oder durch Phosphoreszenz über „intersystem crossing“ (ISC) abgegeben werden [159]

Zu sehen sind hier drei verschiedene Singulett-Zustände (S_x) und deren Übergangsmodalitäten. Durch Emission eines Lichtquants gelingt der Übergang vom oberen Schwingungszustand des Singulett-Zustandes S_1 wieder zurück in den Grundzustand S_0 und heißt Fluoreszenz. Der Übergang vom untersten Schwingungszustand des Triplettzustandes T_1 wieder zurück in den Grundzustand S_0 wird als Phosphoreszenz bezeichnet. Die Emisionszeiten liegen bei der Fluoreszenz zwischen 10^{-9}-10^{-7}Sekunde (s), bei der der Phosphoreszenz zwischen 10^{-7}-10^{-2}s.

Das Messprinzip

Das Messprinzip des hier vorgestellten optoelektronischen Messsystems beruht darauf, dass sich die Abklingzeit bzw. das Nachleuchten des Fluorophors mit der Konzentration des zu untersuchenden Analyten verändert. Bei der sauerstoffsensitiven Optode ist hierfür der im Medium gelöste zweiwertige Sauerstoff verantwortlich. Dabei kann die Sauerstoffsättigung im Medium von 0% bis 150% gemessen werden. Das physikalische Phänomen, das dieser Charakteristik zu Grunde liegt, wird als Quenching-Effekt bezeichnet [70]. Da die Intensität des Anregungslichtes einer sinusförmigen Funktion folgt, kommt es zu einer Phasenverschiebung des emittierten Lichtes der Optode. Die verwendete Modulationsfrequenz des Messystems liegt bei 45 kHz. Mit Hilfe einer Photodiode, die Licht mit einer Wellenlänge von 470 nm abgibt, kann nicht nur die Verschiebung sondern auch die Intensität leicht gemessen werden. Abbildung 8.12 zeigt das dargestellte Messprinzip.

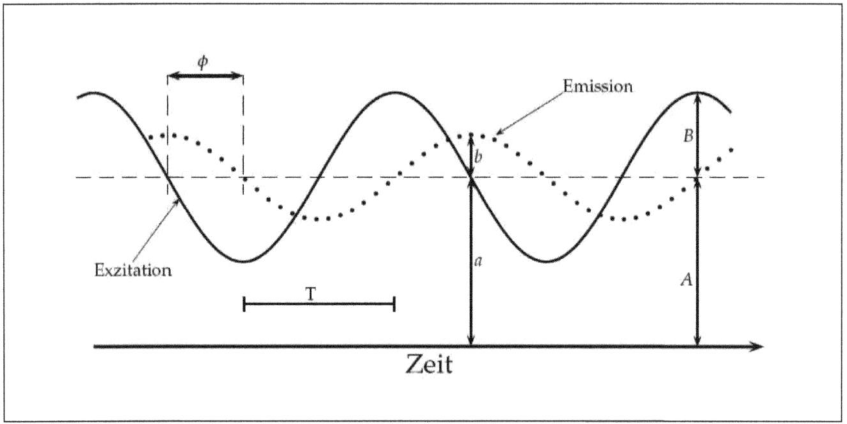

Abbildung 8.12: Durch eine sinusförmigen Anregung des Fluorophors im Medium kommt es zu einer sinusförmigen Emission mit Phasenverschiebung ϕ

Das Prinzip des pH-Sensors ist ähnlich, allerdings mit einem Unterschied: Die Abklingzeit des pH-Wert sensitiven Fluorophors ist sehr kurz. Daher ist es sehr schwer, einen Unterschied in der Phasenverschiebung bei verschiedenen pH-Werten zu detektieren. Aus diesem Grund befindet sich in der Optode ein zusätzlicher Referenzfarbstoff mit langer Abklingzeit, der leichter detektiert werden kann. Voraussetzung ist jedoch, dass die beiden gewählten Farbstoffe ein überlappendes Emissions- und Absorptionsspektrum besitzen. Dieses Messprinzip, das zur Referenzierung ein Mischsignal verwendet, wird als **D**ual **L**ifetime **R**eferencing (DLR)-Prinzip bezeichnet [70, 97]. Die extrazelluläre Ansäuerung kann hiermit in einem Bereich von pH 5 bis pH 8 bis auf eine Auflösung von pH 0,01 und einer Genauigkeit von pH 0,05 gemessen werden.

Aufbau des Mehrkanalmesssystems

Die an die optische Messelektronik gestellten Anforderungen sind sehr hoch. Um es in das Gesamtsystem leicht integrieren zu können, muss es nicht nur sehr kompakt gebaut sein, sondern es muss auch den Schnittstellenbedingungen des Screeningsystems in Bezug auf Schnelligkeit und Datenformat genügen. Mit der Firma PreSens GmbH wurde ein kompetenter Partner gefunden, der das notwendige Wissen und eine entsprechende Hardware für das Gesamtkonzept liefert. Abbildung 8.13 zeigt zwei Ansichten der in das Screeningsystem integrierten Messelektronik. Ein zuerst verfolgter Ansatz mit 24 einzelnen Messschaltungen wurde aus Kosten- und Platzgründen verworfen.

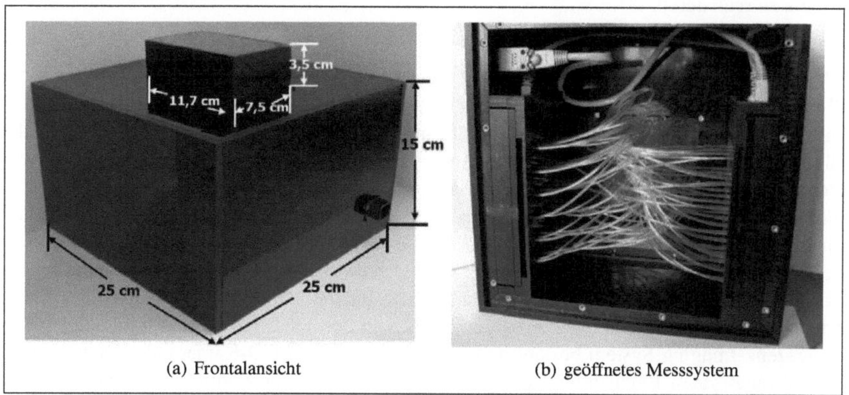

(a) Frontalansicht (b) geöffnetes Messsystem

Abbildung 8.13: (a) Würfelförmiges optisches Messsystem und dessen Abmessungen. Der obere Fortsatz beinhaltet die Kontaktplatte zur optischen Kontaktierung der SBM. (b) Geöffnetes Messystem, Ansicht von unten [84]

Zwei 24 Kanal Messgeräte mit dem Produktnamen **S**ensor**D**ish® **R**eader (SDR), zum Auslesen herkömmlicher 24-Well-Mikrotiterplatten, wurden zusammen in ein Gehäuse gebaut und deren optische Anschlüsse mit einer Kontaktplatte (Schnittstelle zur SBM) verbunden. Dabei wurden für jeden Kanal jeweils ein Lichtleiter für das Anregungs- und ein weiterer für das Emissionslicht verwendet. Die optische Trennung von einstrahlendem und reflektiertem Licht gewährleistet ein verbessertes Signal-zu-Rausch-Verhältnis. Abbildungen 8.14 zeigt das Konzept eines Messkanals, bei dem das Anregungslicht in einem Winkel von 45° auf den optischen Sensor trifft.

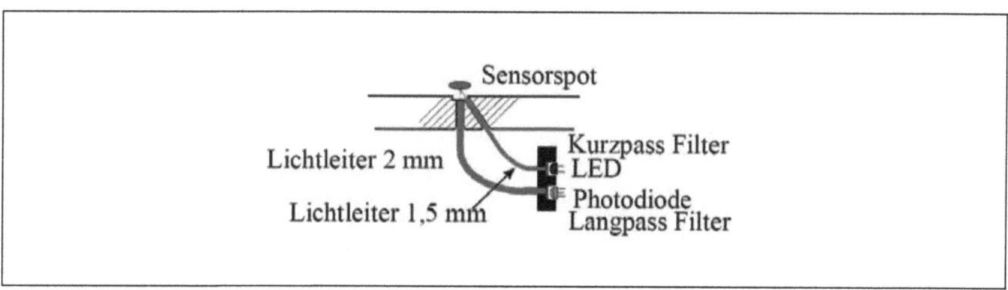

Abbildung 8.14: Das Angegungslicht trifft in einem Winkel von 45° auf die Optode. Das emittierende Licht wird durch einen Lichtleiter zu einer Photodiode geführt [84]

8.2.4 Das Mikroskop

Durch die Verwendung eines lichtdurchlässigen Biosensorchips aus Glas beim Aufbau der SBM (siehe Kapitel 7.3) können optische Messungen über die gesamte Breite der Zellkultur vorgenommen werden. Unzugänglich sind lediglich die durch Optoden und Platinstrukturen verdeckten Bereiche. Dabei ist die Fingerbreite mit 50 µm der IDES ausreichend groß, um Zellkolonien auch zwischen den Elektroden mikroskopisch untersuchen zu können. Ein Sichtfenster mit einer Größe von 1,26 mm^2 in der Mitte des Biosensorchips stellt eine zusätzliche optische Schnittstelle dar.

Um das Potential der SBM vollständig nutzen zu können, war es notwendig, ein Lichtmikroskop in das Gesamtsystem zu integrieren und in einer Ausbaustufe (siehe Kapitel 8.1) des Screeningsystems zu realisieren.

Das dabei entstandene modulare Gesamtsystem vereint damit erstmals durch Integrieren eines Mikroskopiesystems und der sensorgestützten Mikrotiterplatte die mannigfaltigen Möglichkeiten optischer Analyseverfahren mit denen bioelektrischer Sensortechnologie.

Zur Anwendung kam ein Mikroskop der Firma TILL Photonics GmbH aus Gräfelfing bei München. Das Gerät mit dem Namen **i**maging **MIC**roscope (iMIC) ist ein komplettes, vollautomatisiertes, computergestütztes Mikroskopie- bzw. Imaging System. Darunter versteht man im allgemeinen ein System zur Aufnahme, Archivierung, Verarbeitung und Auswertung von digitalen Bildern [69]. Neben dem Einsatz innerhalb der Qualitätsprüfung auf Gebieten wie den Materialwissenschaften und der Halbleiterindustrie werden Imaging Systeme im Bereich der Life Sciences und in der Pharmaindustrie für die Mikroskop-basierte Zellforschung und bei Screening-Anwendungen eingesetzt. Das von der TILL Photonics GmbH vertriebene Fluoreszenz-Imaging System besteht im einzelnen aus einer CCD-Kamera als Detektor, einer monochromatischen Beleuchtungsquelle (Polychrome V), einer Kontrolleinheit und der entsprechenden PC-Software (TILLvisION) [54].

Das Konzept des iMICs ermöglicht einen flexiblen Einsatz verschiedener Mikroskopietechniken wie z. B. :

- Fluorescence Recovery After Photobleaching (FRAP) [18]
- Total Internal Reflectance Fluorescence (TIRF) [6]
- Fluorescence Loss In Photobleaching (FLIP) [136]
- Fluorescence Resonance Energy Transfer (FRET) [110]
- Nipkow Konfokalmikroskopie [102]
- Multi-Photonen Laser-Scanning Mikroskopie [77]
- Laser-Scanning Mikroskopie [134]

Ebenso ermöglicht die Struktur des Mikroskopkörpers eine Erweiterung des Funktionsumfangs durch eine einfache Integration weiterer optischer Messysteme von Drittherstellern. In Abbildung 8.15 ist eine schematische Explosionszeichnung dargestellt, die die sechs externen Anschlussmöglichkeiten pro Ebene zeigt. Alle Anschlussplätze können mit Hilfe von verfahrbaren Spiegeln bzw. Dikroiden auf eine zentrale optische Achse zugreifen, die sich direkt unterhalb des Versuchsobjektes bzw. des Objektives befindet.

Durch die Montage des Mikroskop-Bausteins auf einen motorisiert verfahrbaren Sockel ist man somit erstmals in der Lage, das komplette Mikroskop unter einem feststehenden Objektivtisch und damit relativ zur Probe zu bewegen. Die Sensorik, die Beprobungsautomatik und die Klimatisierung ist dadurch komplett vom Mikroskopiesystem entkoppelt.

Das in allen Funktionen rechnergesteuerte Mikroskop hat für die SBM einen ausreichenden Verfahrweg in x-y-Richtung. Alle Wells können damit nacheinander anvisiert werden. Zur Fokusierung verfahren die Objektive in z-Richtung und können im eingezogenen Zustand über einen motorbetriebenen Revolver gewechselt werden.

Die Grundplatte und die Einfassung der SBM konnten so gestaltet werden, dass es - bei entsprechender Software-Prozesskontrolle - zu keinen Kollisionen kommt. Eine stabile Konstruktion unter Einbindung einer schwingungsdämpfenden Mineralgussplatte ermöglicht die Erstellung

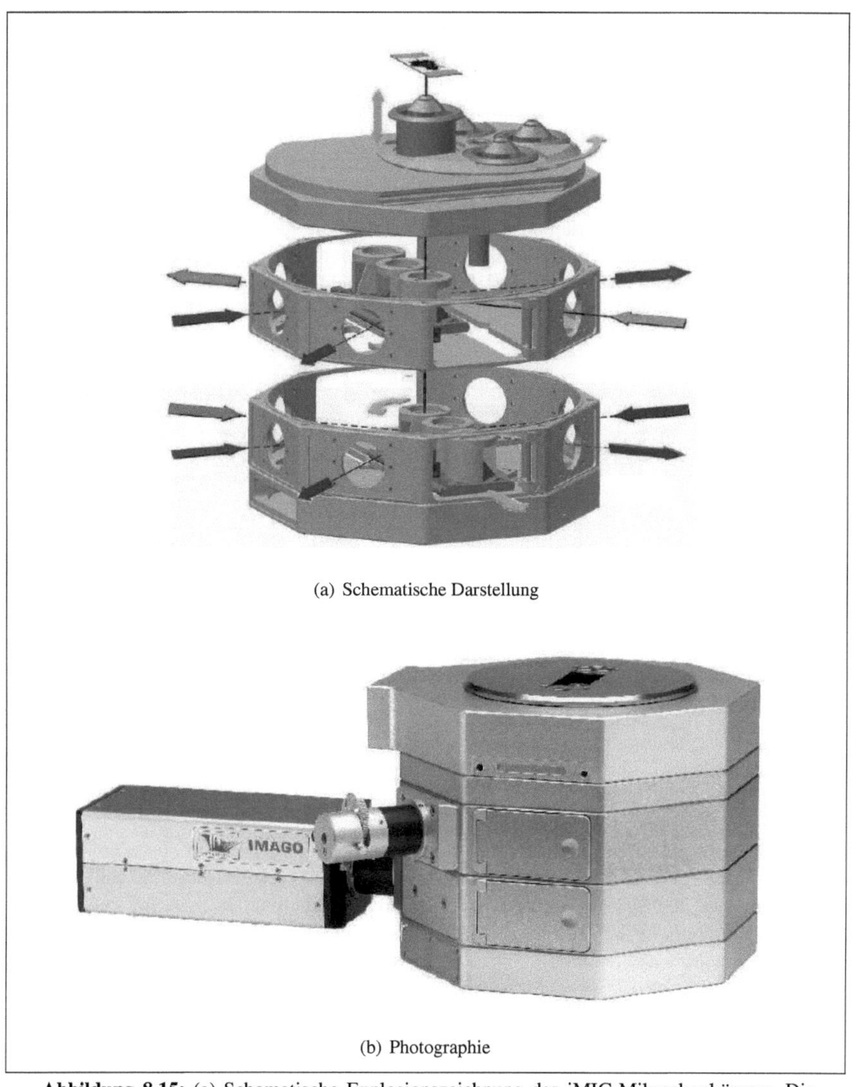

(a) Schematische Darstellung

(b) Photographie

Abbildung 8.15: (a) Schematische Explosionszeichnung des iMIC-Mikroskopkörpers. Die grünen Pfeile stellen bewegliche optische Elemente dar, andersfarbige Pfeile symbolisieren die optischen Ein- und Ausgänge. (b) Die Photographie zeigt ein montiertes iMIC mit CCD-Kammera und Anschlußflansch zur Einkopplung eines Lichtleiters [54]

qualitativ hochwertige Bilder und ein zügiges Abscannen aller Zellproben. Ein Informationsaustausch (Flag) zwischen der Mikroskop-Steuersoftware und der Steuersoftware (siehe Kapitel 8.3.2) kann sicherstellen, dass zum Zeitpunkt der Bildaufnahme keine Bewegung der Dosiervorrichtung stattfindet.

Damit das Mikroskop auch in der Lage ist, die in die SBM integrierten optischen Sensoren auszulesen, wurde ein Einkanalmessgerät (pH-Mini) mit dem Mikroskopkörper verbunden. Bei dem pH-Mini der Firma PreSens GmbH handelt es sich um ein optisches Messgerät zur Bestimmung des pH-Werts in einer wässrigen Lösung. Dazu muss Licht über einen Lichtleiter in das Mikroskop eingekoppelt werden, über optische Elemente auf den Sensorspot innerhalb der SBM geworfen und auf dem selben Weg wieder zurück in das Messgerät geführt werden. Anhand der detektierten Phasenverschiebung lässt sich dann der pH-Wert berechnen (siehe Kapitel 8.2.3).

Tabelle 8.2 zeigt die Ergebnisse eines Versuches, indem die ideale Kombination aus Objektiv und Umlenkspiegel innerhalb des iMICs gefunden werden sollte. Bei der Auswahl geeigneter optischer Komponenten war besonders auf die Güte zu achten, um die Signalverlusste aufgrund des erweiterten Strahlengangs durch das Mikroskop möglichst gering zu halten.

Objektiv (Olympus)	Umlenkoptik	Amplitude	$pH-$Wert (erwartet: 7,00)	Z-Hub (µm)
PlanC N 10x/0,25	Spiegel	500	n.a.	17330
	Prisma	1520	7,25	19745
	Prisma	1800	7,25	17330
PlanC N 20x/0,40	Spiegel	730	n.a.	17330
UPlanSApo 10x/0,40	Spiegel	1600	7,25	17330
	Spiegel	1560	7,25	17223
	Spiegel	1450	7,25	16220
LUCPlanFLN 20x/0,45 Ph 1	Spiegel	1300	7,27	19672
UPlanSApo 20x/0,75	Spiegel	4300	7,05	19635
	Spiegel	4340	7,05	19745
	Prisma	8800	7,00	19745

Tabelle 8.2: Amplituden- und pH-Wert der PreSens Einkanalmesselektronik pH-Mini bei verschiedenen Umlenkoptiken. Der Z-Hub beschreibt die Höhe des Objektives zum Messzeitpunkt

Bei den Ergebnissen ist zu erkennen, dass durch die Benutzung eines Prismas die Amplitude um den Faktor 2-3 ansteigt. Das beste Ergebnis lässt sich mit dem Prisma in Kombination mit dem UPlanSApo 20x/0,75 Objektiv erzielen. Bei dieser Kombination liegt die Amplitude der Untergrundstrahlung bei ca. 200 (also unter den kritischen 10%), weshalb auch der Messwert genau dem Erwarteten entspricht.

8.2.5 Sonstige Systemkomponenten

Wie in Abbildung 8.3 zu sehen ist, sind die zwei Systemkomponenten Überwachungsmodul und Statusanzeige Bestandteile des Gesamtkonzeptes. Sie besitzen jedoch eine Sonderrolle, da sie nicht direkt an der Messdatenerfassung bzw. an der Versorgung der SBM beteiligt sind. Vielmehr sorgen diese beiden Module für einen stabilen Betrieb des Screeningsystems.

Das Überwachungsmodul

Diese Einheit übernimmt eine übergeordnete Position im Gesamtsystem. Sie soll die Abläufe im Betriebszustand des Screeningsystems überwachen, um auftretende Störungen dem Zentralrechner mitzuteilen. Dabei ist es wichtig, dass dieses Modul ebenso wie alle anderen Teilkomponenten den Schnittstellenbedingungen des Gesamtsystems genügt (siehe Kapitel 8.2). Das

Herz des Überwachungsmoduls ist ein Mikrocontroller, der es ermöglicht, bis zu acht Schalterzustände und mehrere Sensoren quasi gleichzeitig zu überwachen. Eine Limitierung der Sensorenanzahl ist nur durch die Portgröße und damit durch die Pinanzahl des Mikrocontrollers gegeben [1]. Dieser Sensormultiplexer ist in der Lage, auf Anfrage die jeweiligen Sensordaten und Schalterzustände auszugeben. Abbildung 8.16 zeigt das zeitliche Verhalten der entwickelten Schaltung.

An dem zur Zeit eingesetzten Prototyp sind ein Temperatur- und ein Luftfeuchtesensor angeschlossen, um die Atmosphäre im Sterilbereich des Screeningsystems zu überwachen. Der Vorzug dieses Konzeptes liegt in der einfachen Erweiterung des Moduls um weitere Sensoren. Für zukünftige Anforderungen kann das System leicht adaptiert werden.

Nach einer Aktivierung des Gerätes sind vier der angeschlossenen Schalter, sogenannte **H**ard**W**are (HW)-Schalter, bereits aktiv. Bei einer Zustandsänderung einer dieser Schalter wird die Information direkt über die Schnittstelle ausgegeben. Im Betrieb des Screeningsystems werden durch Hardware-Schalter die wichtigsten Systemparameter überwacht, bei deren Änderung sofort reagiert werden muss. Als ein Beispiel ist hier das Öffnen der Türe während des Betriebes zu nennen.

Nachdem der Befehl „start“ an das Modul gesendet wurde, werden die Zustandsdaten der Sensoren und der verbleibenden vier **S**oft**W**are (SW)-Schalter in regelmäßigen Zeitabständen ausgegeben. Durch den Befehl „stop“ kann dieser Betriebszustand wieder verlassen werden.

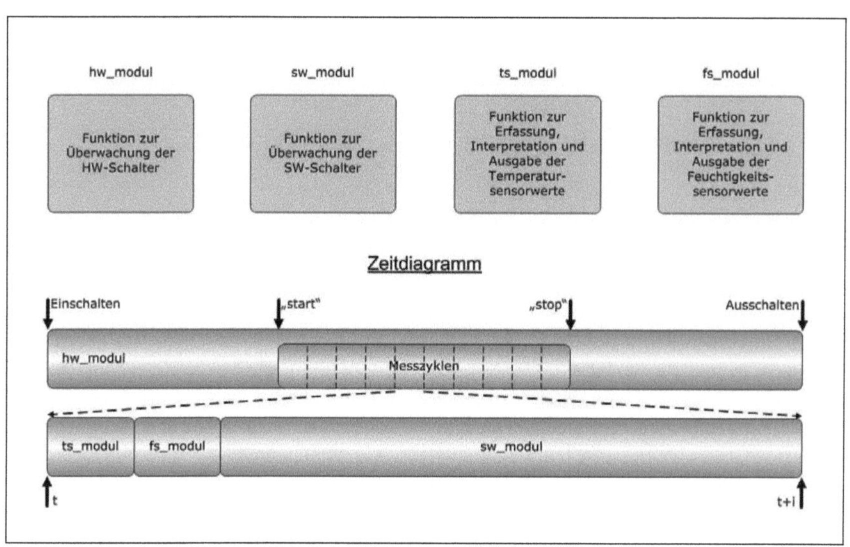

Abbildung 8.16: Zeitdiagramm zur Beschreibung der Arbeitsweise des Sensormultiplexers

Die Variablen Temperatur und Feuchtigkeit werden zunächst als Rohwerte in Form von digitalen Datenpaketen von den Sensoren über die serielle EIA-232 Schnittstelle in den Sensormultiplexer eingelesen, interpretiert, optional mit einem Zeitstempel verknüpft und als verarbeitbare Messdaten wieder an den Steuerrechner übermittelt. Um Eigenwärme zu vermeiden, werden die Sensoren nur aktiviert, wenn die Daten angefordert werden. Der Sensormultiplexer wurde so konzipiert, dass ein fehlerhafter Sensor die Funktionsfähigkeit des Multiplexers nicht beeinflussen kann. Die Schalterzustände werden zusätzlich über LEDs am Sensormultiplexer angezeigt.

Abbildung 8.17 zeigt das Entwicklungsmuster der Schaltung.

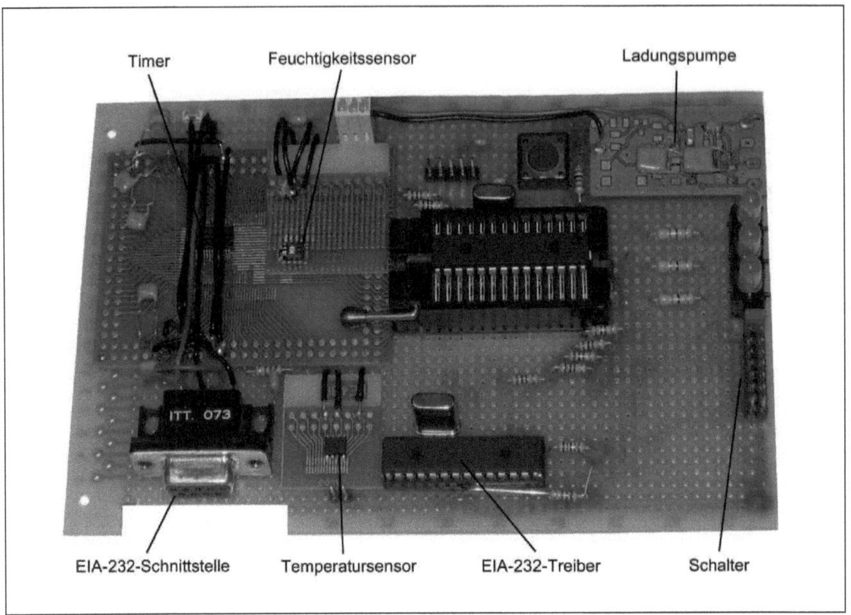

Abbildung 8.17: Entwicklungsmuster des Sensormultiplexers

8.3 Software

In diesem Abschnitt werden die einzelnen Softwarepakete vorgestellt, die zum einen für Testzwecke der Versuchsaufbauten erstellt wurden und zum anderen für den Betrieb innerhalb des Screeningsystems notwendig sind. So wurden im Laufe dieser Arbeit Hilfsprogramme erstellt, die nicht unmittelbar im Gesamtsystem zu Einsatz kommen. Die Erfahrungen, die aber im Zuge dieser Arbeiten gewonnen wurden, waren notwendig, um geeignete Konzepte und Softwarestrukturen für das Screeningsystem zu entwerfen. Die in Abschnitt 8.3.1 beschriebene Software, die ausschließlich zum Steuern des Pipettierroboters entwickelt wurde, ermöglichte erst den Entwurf einer übergeordneten Steuersoftware, wie sie in Kapitel 8.3.2 beschrieben ist. Es waren auch Versuche mit verschiedenen Entwicklungsumgebungen und Programmiersprachen notwendig. Anhand der Erkenntnisse wurde die Steuersoftware ausschließlich in C++ erstellt. Für alle übrigen Programmpakete haben sich die Sprachen C# und Phyton angeboten, da die Programmausführung an diesen Stellen zeit unkritischer ist.

Ziel dieses Kapitels ist es, die Datenstrukturen und Schnittstellenbedingungen sowie die übergeordnete Programmstruktur zu erläutern. Auf die Darstellung einzelner Codebeispiele soll an dieser Stelle verzichtet werden, da es den Rahmen dieser Arbeit sprengen würde.

8.3.1 Testprogramm für Vorversuche

Mit dem in Abbildung 8.18 entwickelten **G**raphical **U**ser **I**nterface (GUI) für das Screeningsystem konnten Testabläufe einfach konzipiert, abgespeichert und durchgeführt werden. Das

Testprogramm war notwendig, um das Konzept des Pipettierroboters zu evaluieren und um ein Gespühr für die Möglichkeiten und die Grenzen des Versorgungssystems zu bekommen. Mit Hilfe der GUI ist es möglich, Ablaufprotokolle für die Robotik zu erstellen, die dann auf Knopfdruck abgearbeitet werden. Der in Abbildung 8.18 dargestellte Screenshot zeigt das Frontend des mit Phyton entwickelten Programms. Die gesamte Funktionalität des Roboters ist damit zugänglich.

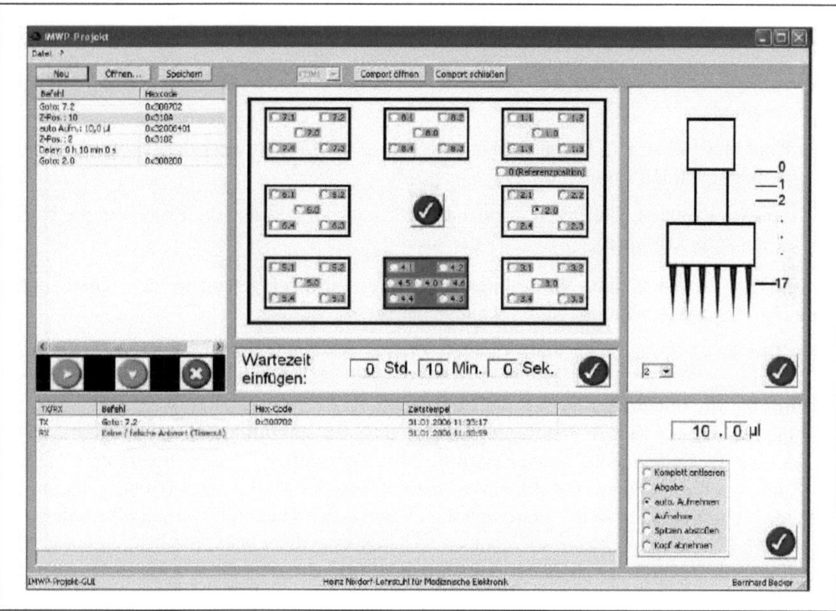

Abbildung 8.18: GUI für eine einfache Bedienung des Pipettierroboters

Die graphische Oberfläche besteht aus mehreren Unterfenstern. In der linken oberen Ecke befindet sich das Ablauffenster. Dort wird der vom Benutzer erstellte Testablauf und dessen Fortschritt dargestellt. Hier befinden sich auch die Buttons zum Senden und Löschen einzelner Befehle sowie zum Start der gesamten Testreihe.

Oben in der Mitte befindet sich das Fenster zur Auswahl der durch den Roboter anfahrbaren Positionen. Zu sehen ist die Aufteilung der Grundplatte der Pipettiereinheit mit sieben Vorratsbehältern (Position 1-3 und 5-8) und der Position der SBM (Position 4). Hieraus ist auch ersichtlich, dass es dem Pipettierroboter möglich ist, mit 24 Pipettenspitzen eine 96 Well Platte zu bedienen. Dabei kann jedes vierte Well durch die Wahl der entsprechenden Unterposition (X.1-X.4) erreicht werden. Durch den Klick auf den entsprechenden Button (Radio-Button) wird eine bestimmte Zielposition ausgewählt, und mit Klick auf das blau unterlegte Häkchen in die Ablaufliste übernommen.

Das Z-Positionsfenster befindet sich rechts oben und dient der Positionierung des Pipettenkopfes. In ihm kann in einem Drop-Down Menü die gewünschte Position ausgewählt werden. Null entspricht hier der Position ganz oben, 17 dem mechanischen Anschlag unten. Ebenso wie in allen anderen Fenstern wird durch Drücken auf das Häkchen der Befehl an die aktuelle Stelle im Ablaufmenü übernommen.

Das Fenster zur Einstellung der Dosierungsmenge befindet sich rechts unten. Darin können verschiedene Volumina mit einer Genauigkeit von 0,1 µl eingestellt werden. Desweiteren kann zwischen verschiedenen Optionen ausgewählt werden.

1. Komplett Entleeren: Hier werden die Pipetten komplett geleert, anschließend bewegen sich die Pumpenkolben in die Nullposition zurück
2. Abgabe: Die angegebene Flüssigkeitsmenge wird abgegeben
3. Automatisch Aufnehmen: Der Pumpenkopf gibt zunächst die angegebene Flüssigkeitsmenge ab und nimmt anschließend die gleiche Menge wieder auf
4. Aufnahme: Die spezifizierte Menge wird von der aktuellen Position der Kolben aufgenommen
5. Kopf abnehmen: Die Kolbenstangen werden so positioniert, dass der Pipettenkopf abgenommen werden kann
6. Spitzen abstoßen: Die Pipettenspitzen werden abgedrückt und die Kolben in die Nullposition zurückgefahren

Im zentralen Fenster können Wartezeiten in den Testablauf eingebaut werden. Die benötigte Zeit kann in Stunden, Minuten und Sekunden angegeben werden.

Ist ein Testablauf zusammengestellt, kann dieser über den Button „Speichern“ als Textdatei mit der Kennung „.IMWP“ gespeichert werden. So gespeicherte Testabläufe können über „Öffnen“ wie einzelne Befehle an der aktuell markierten Protokollstelle eingefügt werden. Um die Abarbeitung zu starten, wird in der Ablaufliste der als erstes auszuführende Befehl markiert und danach eine der beiden grünen Pfeiltasten betätigt. Die mittlere Taste bedeutet dabei „Single Step“, d.h. nur der markierte Befehl wird ausgeführt und der Marker nach Beendigung um eine Zeile nach unten gesetzt. Wird allerdings die „Play“ - Taste betätigt, werden alle Befehle der Reihe nach abgearbeitet. Nach erfolgreicher Abarbeitung einer Aktion wird automatisch die darauffolgende gestartet. Ist das Ende der Ablaufliste erreicht, wird am Anfang der Liste fortgefahren (Dauerschleife). Durch nochmaliges Betätigen der „Play““ - Taste kann die Abarbeitung der Liste jederzeit unterbrochen werden. Der Fortschritt der Aktionen wird im Statusfenster dargestellt. Hier sind die gesendeten und empfangenen Datagramme zu sehen, außerdem ist ein Statusbalken sichtbar, der die aktuelle Wartezeit auf die Befehlsantworten darstellt.

8.3.2 Systemprogramme

Von Anfang an wurde das Ziel verfolgt, einen handelsüblichen Computer in das Screeningsystem zu integrieren, der alle Steuer- und Datenverarbeitungsschritte vornehmen kann. Die Absicht dahinter ist, eine kostengünstige Plattform mit standardisierten Schnittstellen nutzen zu können. Als Entwicklungsumgebung für die Systemsoftware wurde „**V**isual **S**tudio (VS) .NET 2005“ von Microsoft gewählt. Mit diesem kann Software in verschiedenen objektorientierten Programmiersprachen geschrieben werden, so z. B. in C++, C# oder Java. Auch können in unterschiedlichen Sprachen programmierte Komponenten zu einem Gesamtprojekt zusammengefügt werden, was sich als sehr hilfreich erwiesen hat, da verschiedene Komponenten in unterschiedlichen Sprachen erstellt wurden. Zeitkritische Anwendungen wie etwa das Steuerprogramm wurden mit C++, zeitunkritische Programmpakete in C# erstellt. Dies ist möglich, da VS eine strikte Objektorientierung nicht nur erlaubt, sondern Techniken wie Vererbung, Polymorphie, Kapselung, Mehrfachüberladung usw. explizit fordert [74]. Weitere Gründe für die Wahl von VS waren unter anderem der schon integrierte E**x**tensible **M**arkup **L**anguage (XML)-Parser [118] und die große Anzahl an Programmierern, die ebenfalls diese Entwicklungsumgebung nutzen. Durch den entsprechend guten Support z. B. in öffentlichen Foren können Probleme schneller gelöst werden. Auch technologisch gibt es Aspekte, die für VS 2005 und gegen Alternativprogramme sprechen. So gibt es bei VS die Möglichkeit einen sogenannten „Managed Code" zu erstellen. Das heißt, die Ausführung dieses Codeabschnitts wird von einer übergeordneten Instanz überwacht, die nicht mehr benötigte Ressourcen automatisch freigibt. Es ist also nicht mehr nötig, nach der Benutzung einer instanziierten Klasse diese wieder durch einen Destruktor zu zerstören oder den Speicherplatz von Zeigern wieder freizugeben. Der Programmierer kann sich mehr auf die Funktionsfähigkeit seines Codes konzentrieren.

Aufbauend auf den Erfahrungen aus dem Bereich der objektorientierten Programmierung konnte ein Softwarekonzept erstellt und fast vollständig umgesetzt werden. Abbildung 8.19 zeigt vereinfacht das Softwarekonzept des Screeningsystems aufgeteilt in mehrere übergeordneten Programmpakete. Die Aufteilung der gesamten Software in einzelne Programmblöcke, deren Datenaustausch über XML-Dateien erfolgt, machte die schichtweise Realisierung eines derart komlexen Programmes erst möglich. Der Gedanke der objektorientierten Programmierung wurde an dieser Stelle beibehalten. Lediglich der erste Programmblock konnte bis zum Ende dieser Arbeit nicht mehr realisiert werden. Er dient der benutzerfreundlichen Bedienung des Gesamtsystems und liegt damit hinsichtlich der Priorität hinter den systemsteuernden Komponenten und dem einwandfreien Funktionsnachweis des Gesamtsystems.

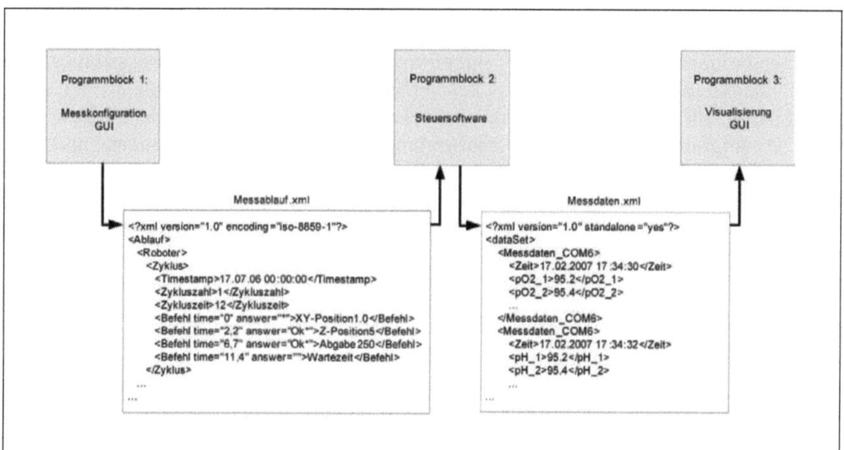

Abbildung 8.19: Software-Gesamtkonzept zur Steuerung und Dateninterpretation des Screeningsystems. Die Schnittstellen zwischen einzelnen Programmblöcken werden über XML definiert

In Programmblock (1) wird das Ablaufprotokoll für die Module des Screeningsystems erzeugt und in ein XML-Dokument gespeichert. Anhand dieser Informationen werden die Befehle von Programmblock (2), der Steuersoftware ausgeführt und die von den Messsystemen erhaltene Messdaten in weitere XML-Dokumente abgespeichert. Schließlich werden die Messdaten von einer dritten Software-Komponente interpretiert.

Steuerprogramm

Um die einzelnen Module der in Abbildung 8.3 dargestellten Netzwerktopologie mit ihrer entsprechenden Kommunikationstechnik steuern zu können, wurde eine Software entwickelt, die ermöglicht, ereignisdiskrete Prozesse zu kontrollieren. Das System zeichnet sich durch eine asynchrone Arbeitsweise seiner Teilsysteme aus, für deren Informationskopplungen diskrete Ereignisse eine dominante Rolle spielen. Durch diese Ereignisse löst eine Komponente eine bestimmte Aktivität in einer anderen Komponente aus, stoppt einen Vorgang oder beeinflusst dessen zukünftiges Verhalten.

Zahlreiche technische Systeme weisen eine ereignisdiskrete Dynamik auf. Das heißt, diskrete Ereignisse wie Sensorsignale oder das Betätigen einer Taste bewirken eine ebenfalls diskrete Änderung des Systemzustands. Für viele derartige Automatisierungsaufgaben wird in der Industrie eine **s**peicher**p**rogrammierbare **S**teuerung (SPS) eingesetzt, welche eine schnelle und zuverlässige Programmabarbeitung ermöglicht. Die für den Prozessablauf nötigen logischen und zeitlichen Bedingungen werden vom Entwickler vorgegeben und in ein SPS-Programm umgesetzt. Derzeitige SPS-Baugruppen übernehmen neben der Kernaufgabe (Steuerung und Regelung) zunehmend auch weitere Aufgaben. Die Visualisierung, Alarmierung und Aufzeichnung aller Betriebsmeldungen (Data-Logging) kann bereits von manchen Steuerungen übernommen werden [158]. Auch wenn eine SPS auf den ersten Blick als geeignet für die Steuerung des Screeningsystems erscheint, so wurde an dieser Stelle der Arbeit ein Konzept verfolgt, das in manchen Bereichen über die Möglichkeiten handelsüblicher Steuerungen hinausgeht. Ferner ist eine SPS zur Bearbeitung von Steueraufgaben mit geringer Komplexität verhältnismäßig kostenintensiv.

Sehr lange wurde an der Struktur des durch den Benutzer zu erstellenden Messprotokolls gearbeitet und schließlich der Umsetzung eines Programmpaketes, in dem das Protokoll interpretiert und die Befehle verarbeitet werden, der Vorzug gegeben (siehe Abbildung 8.19). Computer sind universelle Geräte der Informationsverarbeitung, die sich hervorragend als Steuergerät eignen. Da aufgrund der hohen Eigenverantwortung (Eigensteuerung) der Systemkomponenten nur wenige Befehle bzw. Daten zwischen den Teilnehmern ausgetauscht werden müssen und deren Verarbeitung zeitunkritisch ist, kann ein Industrie-PC die Rolle der Hardwareplattform übenehmen. Der Industrie-PC kann mit geringstem Aufwand umfangreiche Zusatzfunktionen wie Visualisierungen, Protokollierungen und Statistiken bereitstellen.

Allgemein

Um den Anwendungsbereich der Steuersoftware nicht auf eine Systemstruktur bzw. einen Geräteaufbau zu beschränken, wurde ein allgemeines systemunabhängiges Konzept verfolgt. Ziel ist es, beliebige Gerätekonfigurationen, welche aus mehreren Subsystemen bestehen, steuern und verwalten zu können. Die Schnittstellen zwischen den einzelnen Komponenten (siehe Abbildung 8.3) sind dabei beliebig konfigurierbar. Der damit verfolgte Ansatz erlaubt es, die Software auch in anderen Applikationen einzusetzen. Alle systemimmanenten Informationen werden dem Steueralgorithmus in Form von XML-Datenstrukturen zur Verfügung gestellt. Um die Kompatibilität mit einem neuen peripheren System zu gewährleisten, müssen lediglich die schnittstellenbeschreibenden XML-Dateien angepasst werden. Ein weiterer Vorteil des Konzeptes liegt in der vereinfachten Adaptivität des Gesamtsystems. Einzelne Komponenten können unabhängig voneinander ihren Funktionsumfang ausbauen und dem Gesamtsystem zur Verfügung stellen. Abbildung 8.20 zeigt die Blackboxbeschreibung der realisierten Software.

Diese Software läuft ausschließlich im Hintergrund und ist für den Benutzer daher nicht sichtbar. Um dennoch die Schnittstellen bedienen zu können, wurde eine graphische Benutzeroberfläche (GUI) in der Programmiersprache C# implementiert. Dieses sehr übersichlich gehaltene Userinterface ermöglicht die Konfigurationsdatein und Metadaten zu laden sowie die Optionen festlegen.

In der Ablaufdatei ist die eigentliche Messung und deren zeitlicher Ablauf beschrieben (siehe

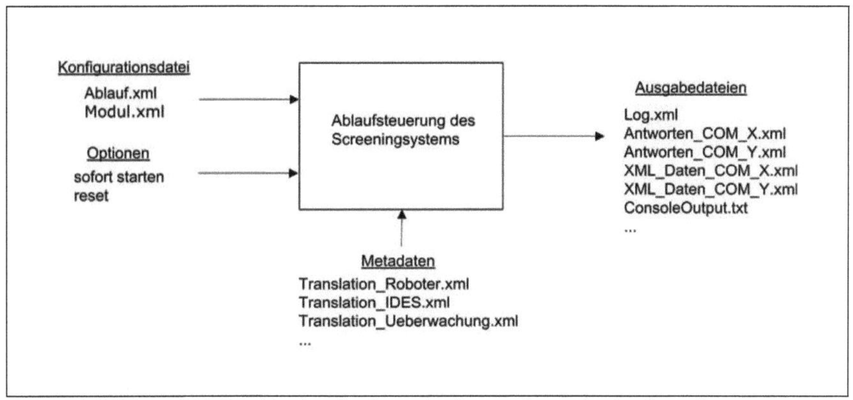

Abbildung 8.20: Blackboxbeschreibung der Steuersoftware für das Screeningsystem

Listing 8.1). In der Moduldatei ist erfasst, welche Peripheriegeräte vorhanden sind und an welchem seriellen Port und mit welcher Datenübertragungsrate sie angeschlossen sind. Optional können vor dem Starten noch zwei Parameter gesetzt werden. Durch „Sofort starten" wird nicht auf den in der Ablaufdatei festgelegten Startzeitpunkt gewartet, sondern die Abarbeitung sofort gestartet. Diese Option ändert allerdings nichts an den relativen Zeiten zwischen einzelnen Befehlen. Die „Restart" Option ermöglicht nach einem (manuellen) Abbruch, die Abarbeitung des Testablaufs wieder aufzunehmen. Dadurch wird die Zeit der Befehle, zwischen denen der Abbruch erfolgte größer. Nach dem Restart bleiben die relativen Zeiten der folgenden Befehle unberührt. Über eine Schaltfläche kann der Benutzer den Steueralgorithmus starten und wieder anhalten. Während des Betriebs erscheinen im einem Statusfenster Meldungen, die über den momentanen Zustand, gesendete Befehle und empfangene Daten informieren.

Nachdem der Testablauf abgearbeitet ist, stehen dem Benutzer im Root-Verzeichnis die Ausgabedateien zur Verfügung. Hier sind die Antworten bzw. Rückgabedaten der einzelnen Module sowie die gesendeten Befehle abgespeichert. Sämtliche Daten sind jeweils mit Zeit und Datum (Timestamp) versehen, um später den Testablauf rekonstruieren zu können.

Echtzeitfähigkeit

Da ein Windows-PC nicht echtzeitfähig ist, sind alle Zeiten mit einem Puffer von drei Sekunden belegt, da das Betriebssystem durch höherpriore Prozesse die Steuersoftware verlangsamen oder anhalten kann. Ein Befehl kann also bis zu drei Sekunden nach der vorgesehenen Zeit noch gesendet werden, ebenso wie Antworten maximal drei Sekunden verspätet eintreffen dürfen. Durch den immer vorhandenen kleinen zeitlichen Abstand der Kommandos wird ein Versatz, sofern er überhaupt auftritt, innerhalb der nächsten Befehle wieder aufgeholt. Es wird dadurch eine Pseudoechtzeitfähigkeit geschaffen, die für die hier beschriebene Anwendung ausreichend ist. Falls erhöhte Anforderungen einmal ein streng echtzeitfähiges System nötig machen, kann der entwickelte C++-Code auch auf ein anderes System, z.B. einen **F**ield **P**rogrammable **G**ate **A**rray (FPGA) oder Power-PC portiert werden. Dadurch wäre es möglich, eine definierte Reaktionszeit im Millisekundenbereich zu erreichen.

Datenstruktur der Ablaufdatei

Eine neue innovative Datenstruktur zum Speichern der Testabläufe ermöglicht auch lange und komplexe Testabläufe mit mehreren zehntausend Befehlen, übersichtlich und speicherplatzschonend darzustellen. Durch die Verwendung von Zyklen als kleinste Struktureinheit wird die Redundanz bei der Datenspeicherung minimiert, was eine Übertragung der Testabläufe z.B. über das Internet erleichtert, da die Datenmenge wesentlich reduziert ist. Ein Testablauf mit einer Dauer von 20 Stunden für fünf Module kann so in einer drei Kilobyte großen Datei gespeichert werden. Würde jeder Befehl einzeln dargestellt, ergäbe sich eine Dateigröße von zwölf Megabyte.

Listing 8.1 zeigt eine einfache XML-Datenstruktur, wie sie in der Ablaufdatei vorhanden sein kann.

Listing 8.1: Ablauf_Roboter.xml

```
<?xml version="1.0" encoding="iso-8859-1"?>
<!-- Testablauf um den Roboter zu bewegen -->
<Ablauf>
  <Roboter>
    <Zyklus>
      <Timestamp>17.07.06 17:34:20</Timestamp>
      <Zykluszahl>3</Zykluszahl>
      <Zykluszeit>60</Zykluszeit>
      <Befehl time="0" answer="Ok*">XY-Position3.0</Befehl>
      <Befehl time="10" answer="Ok*">XY-Position4.0</Befehl>
      <Befehl time="20" answer="Ok*">XY-Position5.0</Befehl>
      <Befehl time="30" answer="Ok*">XY-Position6.0</Befehl>
      <Befehl time="40" answer="">Wartezeit</Befehl>
    </Zyklus>
  </Roboter>
</Ablauf>
```

Der oben stehende Ablauf dient dazu, den Roboter zu bewegen. Der erste Befehl wird am 17.07.2006 um 17:34:20 Uhr (Timestamp) ausgeführt. Dabei wird der Pipetierroboter auf Position 3.0 in der x-y-Ebene gebracht. Die folgenden Befehle sind jeweils um die unter „time“ angegebenen Sekunden verschoben. Die *Zykluszahl* gibt an, wie oft der nachfolgende Befehlssatz wiederholt werden soll. Die *Zykluszeit* legt fest, nach welcher Zeit, angegeben in Sekunden, die Wiederholung stattfinden soll. Im Beispiel werden die Befehle an den Roboter dreimal im Abstand von je 60 Sekunden wiederholt, wie in Listing 8.2 dargestellt.

Listing 8.2: Befehlsabfolge von Ablauf_Roboter.xml

```
17.07.06 17:34:20 XY-Position3.0
17.07.06 17:34:30 XY-Position4.0
17.07.06 17:34:40 XY-Position5.0
17.07.06 17:34:50 XY-Position6.0
17.07.06 17:35:00 Wartezeit
17.07.06 17:35:20 XY-Position3.0
17.07.06 17:35:30 XY-Position4.0
17.07.06 17:35:40 XY-Position5.0
17.07.06 17:35:50 XY-Position6.0
17.07.06 17:36:00 Wartezeit
17.07.06 17:36:20 XY-Position3.0
17.07.06 17:36:30 XY-Position4.0
17.07.06 17:36:40 XY-Position5.0
17.07.06 17:36:50 XY-Position6.0
17.07.06 17:37:00 Wartezeit
```

Jeder Befehl wird zu der in der Ablaufdatei angegebenen Zeit versendet. Danach hat das Modul so lange Zeit, die unter „answer“ angegebene erwartete Antwort zurückzusenden, bis der nächste Befehl gesendet werden müsste. Geschieht dies nicht, wird die Abarbeitung der Ablaufliste bei allen Modulen abgebrochen. Trifft die Antwort rechtzeitig ein und stimmt mit der erwarteten überein, wird der nächste Befehl zur vorgesehenen Zeit gesendet.

Die erhaltene Antwort wird als String in der XML-Ablaufdatei spezifiziert. Da von Modulen auch eine nicht vorhersehbare situationsabhängige Antwort (z.B. Messdaten) gegeben werden kann, können hier Platzhalter verwendet werden, die an die gängigen Methoden in **D**isk

Operating System (DOS) bzw. Windows angelehnt sind. So entspricht ein „?“ einem beliebigen Zeichen und ein „*“ beliebig vielen Zeichen. Allerdings muss mindestens ein Zeichen empfangen werden.

Eine erwartete Antwort „`OK*`“ wird also korrekt mit „`OK Position-3.0`“ oder „`OK!`“ beantwortet, nicht aber mit „`OK`“.

Der *Wartezeit*-Befehl ist ein Spezialkommando der Steuersoftware. Hier wird kein Befehl an ein angeschlossenes Modul gesendet, sondern nur die Zeit festgelegt, die die vorherige Aktion benötigen darf. Deshalb muss der letzte Befehl für jeden Zyklus immer ein Wartezeitbefehl sein, andernfalls wäre die Länge des letzten „normalen“ Kommandos undefiniert. Da keine Daten gesendet werden, wird auch keine Antwort erwartet. Bei Wartezeitbefehlen ist „answer“ also immer leer.

Zyklen können auch rekursiv ineinander geschachtelt werden. Dabei wird der innere Zyklus wie ein normaler Befehl behandelt, jedoch wird die Startzeit, die durch den *Timestamp* festgelegt ist, weiterhin absolut behandelt und nicht relativ zur Zeit des äußeren Zyklus gesetzt.

Listing 8.3: Beispiel einer XML-Datei mit verschachtelten Zyklen

```
<?xml version="1.0" encoding="iso-8859-1"?>
<Ablauf> <!-- Testablauf um den Roboter zu bewegen -->
  <Roboter>
  <Zyklus>
      <Timestamp>01.01.00 00:00:00</Timestamp>
      <Zykluszahl>2</Zykluszahl>
      <Zykluszeit>240</Zykluszeit>
      <Zyklus>
        <Timestamp>17.07.06 17:34:20</Timestamp>
        <Zykluszahl>3</Zykluszahl>
        <Zykluszeit>60</Zykluszeit>
        <Befehl time="0" answer="Ok*">XY-Position3.0</Befehl>
        <Befehl time="10" answer="Ok*">XY-Position4.0</Befehl>
        <Befehl time="20" answer="Ok*">XY-Position5.0</Befehl>
        <Befehl time="30" answer="Ok*">XY-Position6.0</Befehl>
        <Befehl time="40" answer="">Wartezeit</Befehl>
      </Zyklus>
    </Zyklus>
  </Roboter>
</Ablauf>
```

In Listing 8.3 sind zwei Zyklen ineinander verschachtelt. Der innere Zyklus entspricht dem aus Listing 8.1, somit wird auch in diesem Ablauf der Roboter hintereinander an die Positionen 3.0, 4.0, 5.0 und 6.0 fahren. Jeweils nach einer Minute wiederholt sich der Ablauf, insgesamt dreimal. Durch den äußeren Zyklus wird der innere dreifache Zyklus noch zweimal im Abstand von 240 Sekunden wiederholt. Dies entspricht der Zykluszahl und Zykluszeit der äußeren Schleife. Der Timestamp „01.01.00 00:00:00“ hat wie oben bereits erwähnt keinen Einfluss auf die inneren Befehle. Die sich daraus ergebende Befehlsfolge ist in Listing 8.4 dargestellt.

Listing 8.4: Befehlsabfolge der geschachtelten Zyklen

```
17.07.2006 17:34:20   XY-Position3.0
17.07.2006 17:34:30   XY-Position4.0
17.07.2006 17:34:40   XY-Position5.0
17.07.2006 17:34:50   XY-Position6.0
17.07.2006 17:35:00   Wartezeit
17.07.2006 17:35:20   XY-Position3.0
17.07.2006 17:35:30   XY-Position4.0
17.07.2006 17:35:40   XY-Position5.0
17.07.2006 17:35:50   XY-Position6.0
17.07.2006 17:36:00   Wartezeit
17.07.2006 17:36:20   XY-Position3.0
17.07.2006 17:36:30   XY-Position4.0
17.07.2006 17:36:40   XY-Position5.0
17.07.2006 17:36:50   XY-Position6.0
```

```
17.07.2006 17:37:00  Wartezeit
17.07.2006 17:38:20  XY-Position3.0
17.07.2006 17:38:30  XY-Position4.0
17.07.2006 17:38:40  XY-Position5.0
17.07.2006 17:38:50  XY-Position6.0
17.07.2006 17:39:00  Wartezeit
17.07.2006 17:39:20  XY-Position3.0
17.07.2006 17:39:30  XY-Position4.0
17.07.2006 17:39:40  XY-Position5.0
17.07.2006 17:39:50  XY-Position6.0
17.07.2006 17:40:00  Wartezeit
17.07.2006 17:40:20  XY-Position3.0
17.07.2006 17:40:30  XY-Position4.0
17.07.2006 17:40:40  XY-Position5.0
17.07.2006 17:40:50  XY-Position6.0
17.07.2006 17:41:00  Wartezeit
```

Zyklen können beliebig ineinander geschachtelt werden. Ausserdem ist es möglich, in jeder Ebene neben Zyklen auch normale Befehle zu platzieren.

Durch dieses Datenformat ist es somit möglich, auch komplexe und lange Testabläufe übersichtlich und kurz darzustellen. Sich immer wiederholende Aktionen, wie sie bei Tests mit lebenden Zellen häufig vorkommen, sind also besonders geeignet, ohne große Redundanzen abgespeichert zu werden.

Der Datenkonverter

Ein weiteres in sich gekapseltes Programmpaket ist notwendig, um die Daten, die von den Messsystemen geliefert werden, zu veredeln. Darunter wird die Berechnung der Endwerte mit Hilfe der Rohdaten und entsprechenden Kalibrierdaten verstanden. Aber auch semantische Umformungen können an dieser Stelle vorgenommen werden, um eine Protokollstruktur zur einfachen Weiterverarbeitung bereitzustellen.

Das optische Messystem der Fa. PreSens liefert nach der Aufforderung zum Messen jeweils einen Phasenwert für pH und pO_2, der erst mit Hilfe von vier Kalibrierwerten in den entsprechenden Absolutwert umgerechnet werden muss. Darüber hinaus sieht das Schnittstellenprotokoll zur Dateninterpretationssoftware (siehe Abbildung 8.19) eine XML-Datenstruktur mit einem Aufbau vor, wie er in Listing 8.5 dargestellt ist.

Listing 8.5: XML-Schnittstellendatei zum Dateninterpreter

```
<?xml version="1.0" standalone="yes"?>
<dataSet>
  <Messdaten_pH_pO2>
    <Zeit>22.01.2007 13:02:17</Zeit>
    <pO2_1>100.17</pO2_1>
    <pO2_2>99.10</pO2_2>
    <pO2_3>98.45</pO2_3>
    <pO2_4>100.05</pO2_4>
    <pO2_5>96.59</pO2_5>
    <pO2_6>99.04</pO2_6>
    <pO2_7>100.53</pO2_7>
    <pO2_8>94.94</pO2_8>
    <pO2_9>97.26</pO2_9>
    <pO2_10>99.75</pO2_10>
    <pO2_11>99.27</pO2_11>
    ...
    <pO2_23>99.93</pO2_23>
    <pO2_24>100.30</pO2_24>
  </Messdaten_pH_pO2>
  <Messdaten_pH_pO2>
    <Zeit>22.01.2007 13:02:18</Zeit>
    <pH_1>6.70</pH_1>
    <pH_2>7.17</pH_2>
    <pH_4>7.51</pH_4>
    <pH_5>7.14</pH_5>
```

```
      <pH_6>7.00</pH_6>
      <pH_7>6.72</pH_7>
      <pH_8>6.72</pH_8>
      <pH_9>7.02</pH_9>
      <pH_10>6.90</pH_10>
      <pH_11>6.46</pH_11>
      ...
      <pH_23>6.95</pH_18>
      <pH_24>7.00</pH_21>
  </Messdaten_pH_pO2>
</dataSet>
```

Diese Protokollstruktur ist notwendig und sinnvoll, weil sie einer Konvention entspricht, die es ermöglicht, eine aus der Klassenbibliotek von VS .NET (ADO.NET) vorgegebene Datenstruktur mit dem Namen „DataTable“ automatisch mit Daten zu befüllen. Diese Datenstruktur wiederum bietet die Grundlage für das im nächsten Abschnitt dargestellt Programmpaket *Dateninterpreter*.

Der Dateninterpreter

Die in C# geschriebene Klassenstruktur *Dateninterpreter* gliedert sich in das Software-Gesamtkonzept, wie es in Abbildung 8.19 dargestellt ist, als 3. Programmblock ein. An dieser Stelle werden die von der Steuersoftware gesammelten und vom *Datenkonverter* veredelten Messdaten dem Benutzer zur Interpretation grafisch dargestellt.

Die Klasse MyChartControl stellt das Herzstück dieses Programmblocks dar. Es ist möglich, Messwerte aus einem XML-Dokument mit beliebiger Struktur zu lesen und grafisch zu interpretieren. Alle systemimmanenten Eigenschaften des Screeningsystems, wie z.B. die Anzahl der Beprobungseinheiten der Multiwellplatte, wurden bei der Programmierung nicht einbezogen. Systemspezifische Informationen werden dem Programm über sogenannte „*.XSD-Datein“ (Schema-Dateien) zur Laufzeit zugänglich gemacht. MyChartControl ist eine Struktur, die in jedes Projekt zur Dateninterpretation integriert werden kann. Abbildung 8.21 zeigt die Klassenübersicht von MyChartControl, wobei die einzelnen Routinen nicht im Detail erläutert werden sollen.

Auch wenn die Messwerte ohne Zwischenspeicherung direkt aus einem XML-Dokument gelesen und grafisch dargestellt werden könnten, so ist es vorteilhafter dem Steuerelement eine Art Datentabelle unterzuordnen. Diese Datenstruktur nimmt die Messdaten aus dem XML-Dokument auf, bevor sie an das Diagramm übergeben und dargestellt werden. Diese Datentabelle wird durch ein DataTable-Objekt realisiert (siehe .NET-Klasse System.Data.DataTable). Sie stellt den im Arbeitsspeicher abgelegten Inhalt einer Tabelle dar. Durch die Spalten wird festgelegt aus welchen Elementen ein Datensatz besteht. Jeder Datensatz wird in einer Zeile des DataTables gespeichert. Auf diese Weise steht dem Steuerelement ein lokaler Datensatz zur Verfügung, aus dem die Daten zum Zeichnen des Diagramms bezogen werden können. Die Daten des XML-Dokuments werden einmal eingelesen und können daraufhin im DataTable bearbeitet werden (z.B. Datenreduktion). Die Daten im XML-Dokument bleiben unverändert. Es besteht also keine dauerhafte Verbindung zwischen MyChartControl und der Messdatendatei. Diese Eigenschaft ist wichtig, damit sich Programmfehler nicht auf andere Programmpakete auswirken.

Um die oben geforderte Unabhängigkeit der Software von systemimmanenten Eigenschaften des Screeningsystems zu gewährleisten, wird die Grundstruktur eines DataTables durch das in dem Listing 8.6 beispielhaft dargestellte XML-Schema generiert. Anhand dieses Codes ist die Struktur des DataTables ersichtlich. Für das Screeningsystem mussten zwei Schemata, eines pro Messdatendatei bzw. Messsystem, erstellt werden. Mit dem XML-Schema wird die Struktur des

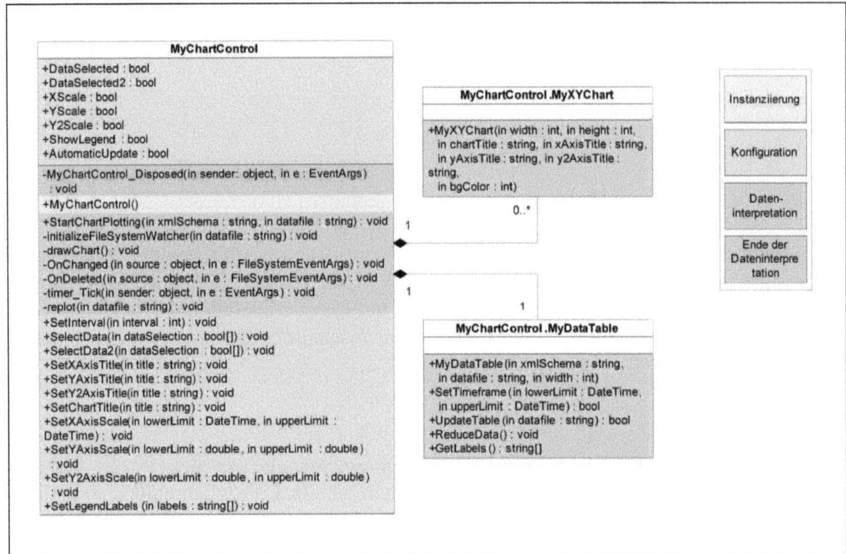

Abbildung 8.21: UML-Klassendiagramm von MyChartControl und die Einteilung der Methoden nach deren Eigenschaften

DataTable vorgegeben, damit die Daten der Messdatendatei eingelesen werden können.

Listing 8.6: Ausschnitt aus dem XSD_Schema für das Impedanzmessgerät

```
<xsd:element name="DataSet" msdata:IsDataSet="true" msdata:MainDataTable="Messdaten_COM8">
  <xsd:complexType>
    <xsd:choice minOccurs="0" maxOccurs="unbounded">
      <xsd:element name="Messdaten_COM8">
        <xsd:complexType>
          <xsd:sequence>
            <xsd:element name="Zeit" type="xsd:string" minOccurs="0" />
            <xsd:element name="R1" type="xsd:float" minOccurs="0" />
            <xsd:element name="C1" type="xsd:float" minOccurs="0" />
            <xsd:element name="R2" type="xsd:float" minOccurs="0" />
            <xsd:element name="C2" type="xsd:float" minOccurs="0" />
            <xsd:element name="R3" type="xsd:float" minOccurs="0" />
            <xsd:element name="C3" type="xsd:float" minOccurs="0" />
            ...
  </xsd:complexType>
</xsd:element>
...
```

Mit der Anmerkung „IsDataSet="true"" wird darauf hingewiesen, dass es sich bei dem Element um ein DataSet handelt. Bei der Eigenschaft „MainDataTable" wird der Name des DataTables angegeben. Nachfolgend wird der Aufbau des DataTables beschrieben: Die Namen der Spalten und der Datentyp, der in den jeweiligen Spalten gespeichert werden kann, sind angegeben. Die Sequenz-Einschränkung wird mit der Angabe „minOccurs="0"" gelockert, so dass auch unvollständige Datensätze beim Befüllen des DataTables zulässig sind.

Innerhalb MyChartControl ist eine weitere Klasse MyXYChart definiert. Diese ist von der Klasse XYChart abgeleitet, die alle notwendigen Funktionen zur Darstellung von Diagrammen enthält. Da die Bibliothek von VS .NET keine geeignete Komponente zur Darstellung eines Diagramms enthält, musste eine externe Bibliothek zur Hilfe genommen werden. Mit dem MyXYChart-Objekt werden u.a. die Größe des Diagramms, die Formate der Achsenbeschriftungen und die Legende festgelegt. Ihm werden die Messwerte übergeben, die von dem MyDataTable-Objekt abgerufen werden. Die in Abbildung 8.21 dargestellte Softwarestruktur wurde in eine **D**ynamic **L**ink **L**ibrary (DLL)-Datei gekapselt.

Abbildung 8.22 zeigt die graphische Bedienoberfläche (DataPlotter-GUI), mit deren Hilfe der Benutzer bis zu acht individuell skalierte Diagramme der aufgezeichneten Daten erstellen kann. Eine Echtzeitanalyse der Messdaten ist durch eine zyklische Aktualisierung möglich.

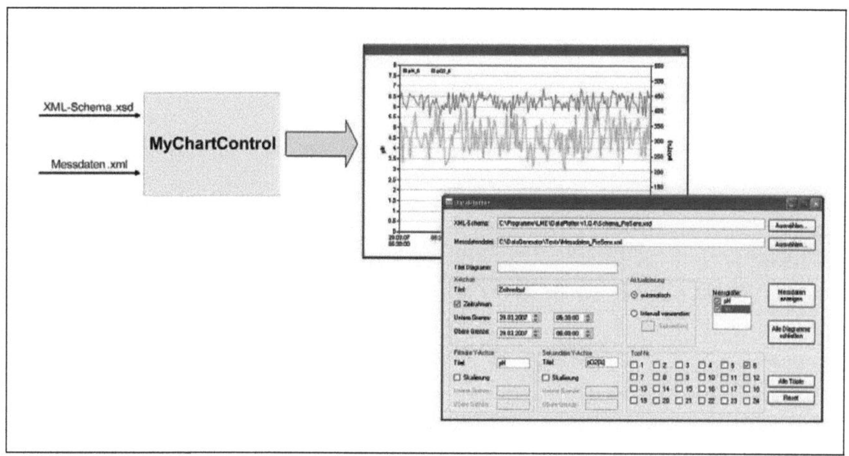

Abbildung 8.22: Die DataPlotter-GUI dient der Konfiguration und Verwaltung von einem oder mehreren MyChartControl Objekten

9 Messergebnisse und Funktionstest

Ein gesetztes Ziel innerhalb dieser Arbeit war es, möglichst frühzeitig mit Messungen an einer Zellkultur zu beginnen. Auch wenn die ersten Messungen noch nicht sehr aussagekräftig waren, da sich die Aufbauten noch im Entwicklungsstadium befanden, so vermittelten sie dennoch einen Eindruck davon, wo die Herausforderungen bei der Verwirklichung der SBM und des Screeningsystems liegen. Nach jedem Vorversuch wurde das Drei-Kammer-System gegebenenfalls modifiziert bzw. optimiert. Schließlich konnte so iterativ das in Kapitel 7.4 beschriebene Fluidsystems verwirklicht werden.

9.1 Evaluation des Drei-Kammer-Systems

9.1.1 Versuchsaufbau

Bevor das Funktionsmuster der SBM für Messversuche zur Verfügung stand, wurden Vorversuche mit einzelnen Drei-Kammer-Systemen unternommen. Folgende wichtige Parameter mussten im Vorfeld untersucht werden, um den Entwicklungsprozess zu unterstützen:

- notwendiges Flüssigkeitsvolumen für vollständigen Medienwechsel
- Duchflussgeschwindigkeit und deren Einfluss auf die Dynamik des Ausgleichvorgangs
- Biokompatibilität der verwendeten Materialien
- Langzeitstabilität der Sensoren
- Messgenauigkeit der Sensorsysteme
- unerwünschte Interaktionen zwischen Materialien und Sensoren
- Simulationstreue (berechnetes Verhalten ist zu beobachten)
- mechanische Belastbarkeit
- Bedienbarkeit
- Fertigbarkeit
- Einfluss der Temperatur

Abbildung 9.1 zeigt die Messvorrichtung, mit der es nicht nur möglich ist, alle drei Parameter dynamisch zu ermitteln, sondern auch einzelne oben aufgeführte Aspekte zu untersuchen. Für die optische Messung des pH- und pO_2-Wertes wurden zwei Lichtleiter von unten an das Fluidsystem geführt. Für die Kontaktierung der IDES dienten zwei in die Messvorrichtung integrierte Federkontaktstifte (siehe Abbildung 9.1 (c)). Der Zu- und Ablauf des Drei-Kammer-Systems wurde über Schläuche und daran angeschlossene Schlauchquetschpumpen betrieben.

Mit diesem Versuchsaufbau konnten verschiedene Betriebsmodi des Drei-Kammer-Systems nachgestellt werden. Bei einem geöffneten System (siehe Kapitel 7.4) konnte die Stabilität der Sensorsignale in Langzeitversuchen evaluiert werden. In einem geschlossenen System bei gleichzeitiger zyklischer Versorgung wurde der Einfluss des Fluidsystems auf die Messsignale untersucht.

Um eine angemessene Versorgung des biologischen Materials im Drei-Kammer-System zu simulieren, wurden Schlauchquetschpumpen so programmiert, dass sie in regelmäßigen Abständen das Medium austauschten. Jede der Pumpen bewegte im Abstand von 20 Minuten ein Volumen von 300 µl. Die Aktivzeiten beider Pumpen verhielten sich jedoch antizyklisch, so dass

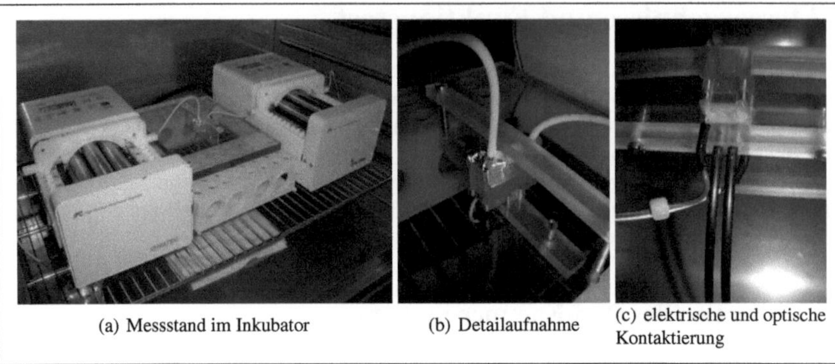

(a) Messstand im Inkubator (b) Detailaufnahme (c) elektrische und optische Kontaktierung

Abbildung 9.1: Messaufbau zur dynamischen Messung von Impedanz, pH- und pO_2-Wert im Drei-Kammer-System. Der Medienwechsel wird durch zwei Schlauchquetschpumpen bewirkt. Der gesamte Aufbau befindet sich in einem Inkubator zur variablen Temperierung

in einem Abstand von 10 Minuten entweder frisches Medium in den Zulauf gepumpt oder verbrauchtes Medium aus dem Ablauf entnommen wurde. In beiden Fällen kam es zu einem Mediumwechsel innerhalb der Zellkulturkammer. Das Zeitintervall zwischen zwei Medienwechsel wird als Versorgungszyklus bezeichnet. Mit den Pumpen konnte ein Versorgungzyklus des Drei-Kammer-Systems simuliert werden, wie er später im Screeningsystem vom Pipettierroboter ausgeführt wird.

9.1.2 Impedanzmessung

Die ersten Orientierungsmessungen mit der Impedanzmessschaltung der Fa. RAWE Electronics galten der Evaluierung und Feinabstimmung des Messsystems. Ausgehend von der Elektrodenstruktur (IDES) und ihrer Eigenschaft in physiologischer Lösung zeigte sich, dass der Messbereich für die spätere Anwendung neu justiert werden musste. Leitungslängen und Kontaktwiderstände des in Abbildung 9.1 dargestellten Versuchsaufbaus unterschieden sich erheblich von denen, die innerhalb des Screeningsystems zu erwarten waren. Aufgrund der Orientierungsmessungen, die sehr hohe Widerstands- bzw. niedrige Kapazitätswerte zeigten, konnte der Messbereich zur Untersuchung von lebenden Zellen innerhalb des Screeningsystems abgeschätzt werden. Einzelne Bauelemente der Schaltung konnten neu berechnet und ersetzt werden. Es ergab sich ein Bereich für die Kapazität von ca. 2 bis 250 nF und für den Widerstand von ca. 80 bis 2000 Ω. Ebenfalls wurde die Messspannung von anfänglichen 300 mV_{eff} auf 10 mV_{eff} gesenkt, um die Belastung auf die Zellkultur so gering wie möglich zu halten [41, 21, 23]. Die Messfrequenz von 10 kHz wurde beibehalten. Abbildung 9.2 zeigt den Einfluss der Temperatur auf den Widerstand eines mit DME-Lösung gefüllten Drei-Kammer-Systems.

Es ist zu sehen, dass ein Anstieg der Temperatur in der Kammer zu einem Rückgang des Widerstands führt. Dieses Verhalten lässt sich nicht auf die Erwärmung der Leiterbahnen bzw. Zuleitungen zurückführen, da dies zum umgekehrten Effekt führen müsste. Der Betrag der Impedanz (unter Berücksichtigung der Kapazität) müsste mit der Temperatur steigen, wie es bei Platin-Widerstandsthermometern der Fall ist. Es sind jedoch vielmehr Effekte an der Metall-Elektrolyt-Grenzfläche für dieses Verhalten verantwortlich. Eine weitere mögliche Erklärung für dieses Phänomen wäre, dass elektrochemische Veränderungen an der Elektrodenoberfläche stattfinden [13]. Es ist zu vermuten, dass die Amplitude der Messspannung die Stärke dieser Ef-

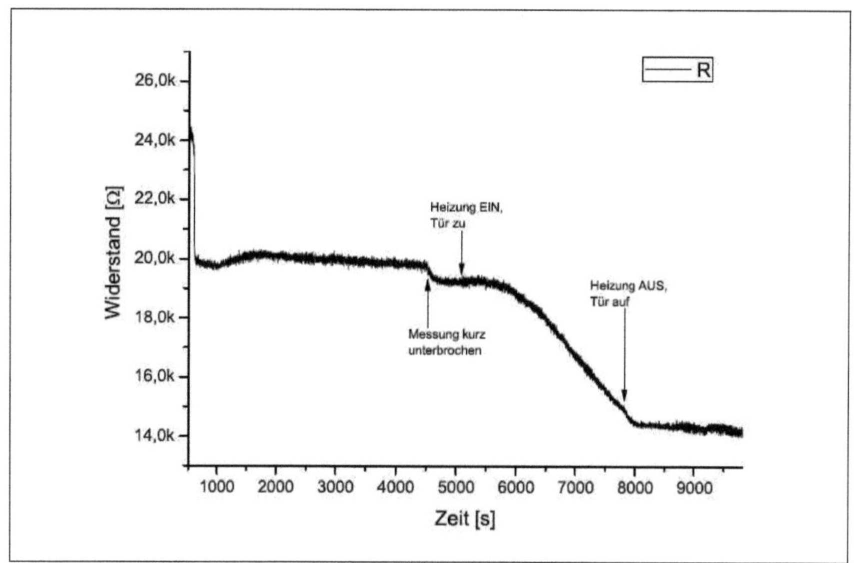

Abbildung 9.2: Widerstandswerte der IDES im Drei-Kammer-System mit DME-Lösung (ohne Zellen). Ein Inkubator erhöhte die Temperatur von 22,6° C auf eine Solltemperatur von 37,0° C

fekte beeinflusst. Gestützt wird diese Hypothese durch zwei Versuche mit dem Doppelkammer-Messsystem (siehe Abbildung 3.1) und PBS als Elektrolyt bei zwei unterschiedlichen Messspannungen.

Weitere Ergebnisse der Vorversuche zeigten, dass verschiedene Schließzylinder aus unterschiedlichen Materialien (Polycarbonat oder V2A-Stahl) bei einer Zellkammerhöhe von 0,5 mm keine Auswirkungen auf das Messsignal haben. In einem Versuch mit physiologischer Kochsalzlösung als Dielektrikum (geöffnetes System) konnte eine leichte Drift der Messwerte innerhalb der ersten Stunde festgestellt werden. Sie lag beim Widerstand bei 7,7% und bei der Kapazität bei 1,3%.

Testmessungen an lebenden Zellen

Bei einem Versuch mit MDA-Zellen sollte die Impedanz unter Hinzunahme der Versorgungszyklen gemessen werden. Das gesteckte Ziel war es, zu einem frühen Zeitpunkt der Arbeit möglichst exakt die späteren Messbedingungen abzubilden. Dazu wurden $2*10^5$ Zellen in einem Milliliter DME-Lösung mit 2-(4-(2-**H**ydroxy**E**thyl)-1-**P**iperazinyl)-**E**thansulfon**S**äure (HEPES), FCS und Gentamyzin in das Drei-Kammer-System gegeben. Nach einer Inkubationszeit von zwei Stunden hatten sich die adhärent wachsenden Brustkrebszellen auf dem Sensorchip abgesetzt. Nachdem das Fluidsystem geschlossen wurde, konnten die Pumpen gestartet werden. Abbildung 9.3 zeigt die Messergebnisse dieses Versuchs über fünf Stunden.

Nachdem das Messmedium durch das gleiche Medium mit zusätzlich 0,2% Triton X-100 ersetzt wurde, war eine deutliche Messwertänderung zu sehen. Der rapide Abfall des Widerstandes bzw. die Zunahme der Kapazität muss aufgrund einer morphologischen Änderung der Zellkultur entstanden sein, da es sich bei dem zugegebenen Zellgift um eine nichtionische Detergenz handelt. Triton X-100 zerstört die Membranen der Zellen und führt daduch zu deren Absterben.

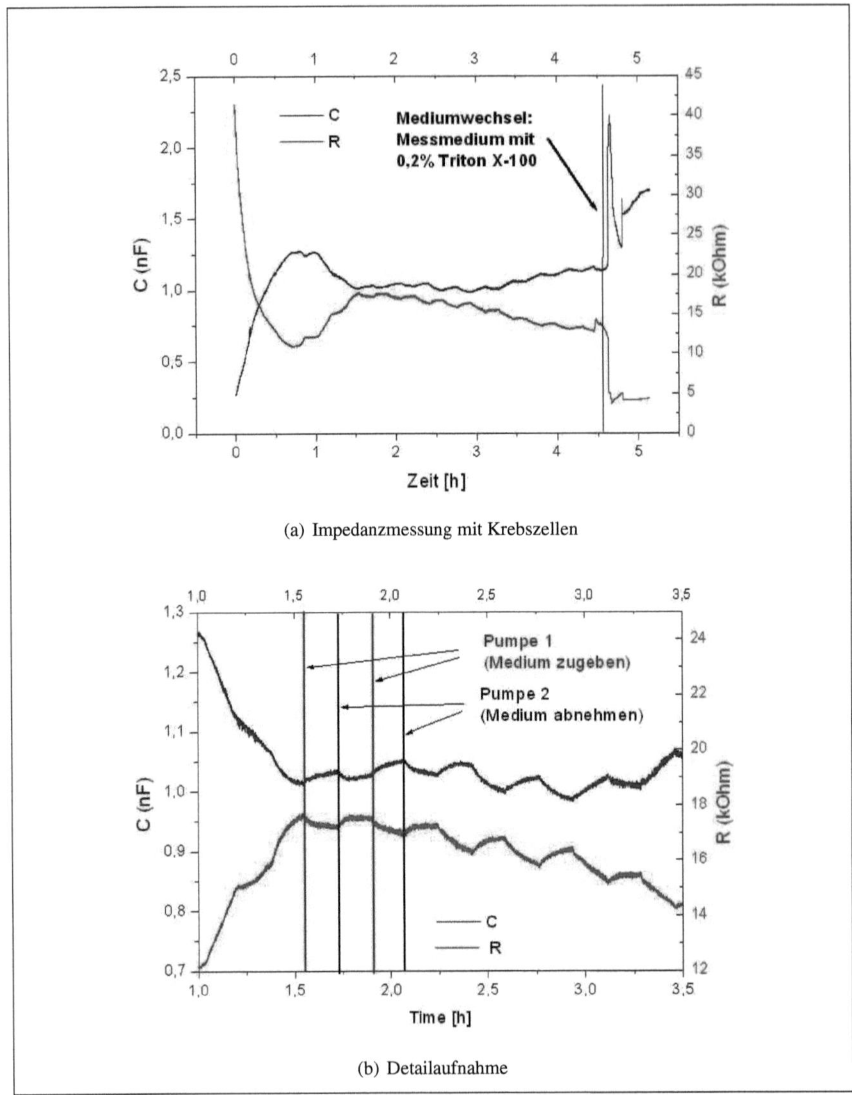

(a) Impedanzmessung mit Krebszellen

(b) Detailaufnahme

Abbildung 9.3: Gemessene Impedanz an lebenden Krebszellen im Drei-Kammer-System über mehrere Stunden

9.1.3 Optische pH- und pO_2- Messungen mit Einkanalmessgeräten

Zwei verschiedene Messsysteme der Fa. PreSens wurden zur optischen Detektion des pH- und pO_2-Wertes in wässriger Lösung verwendet. Die ersten Messungen wurden mit einem Einkanalmessgerät durchgeführt und gaben einen guten Eindruck über die Möglichkeiten und Grenzen dieser Technologie. Dieses Gerät kommt auch zur pH-Wert-Messung mit dem Mikroskop zum Einsatz (siehe Kapitel 8.2.4). Das optoelektronische Messsystem zur Parallelmessung von jeweils 24 pH- und pO_2-Optoden, wie es in Kapitel 8.2.3 beschrieben ist, wurde erst bei Messungen mit der SBM eingesetzt (siehe Kapitel 9.2).

Abbildung 9.4 zeigt die mit der Messelektronik pH-Mini erfassten pH-Werte bei Raumtemperatur. Es werden hier drei wichtige Eigenschaften des Messsystems beschrieben. Abbildung 9.4 (a) beschreibt das Einschwingverhalten der Optode und zeigt, dass brauchbare Messergebnisse erst dann geliefert werden können, nachdem der Sensor ca. 45 Minuten der Flüssigkeit (PBS) ausgesetzt war. In Abbildung 9.4 (b) ist zu sehen, dass das Messsystem in einem pH-Bereich von 6,5 bis 7,5 die größte Genauigkeit aufweist. Abbildung 9.4 (c) verdeutlicht die über die Zeit konstante Drift des Signals. Bei dieser Messung wurde die Intensität der lichtemittierenden Diode maximiert (100%) und das kleinst mögliche Messintervall von einer Sekunde gewählt. Der Einfluss des sogenanten Ausbleich-Effektes (Bleaching), der ein Grund für die Drift ist, konnte somit verstärkt werden. Für zukünftige Messungen wurde die Lichtintensität veringert und das Messintervall vergrößert.

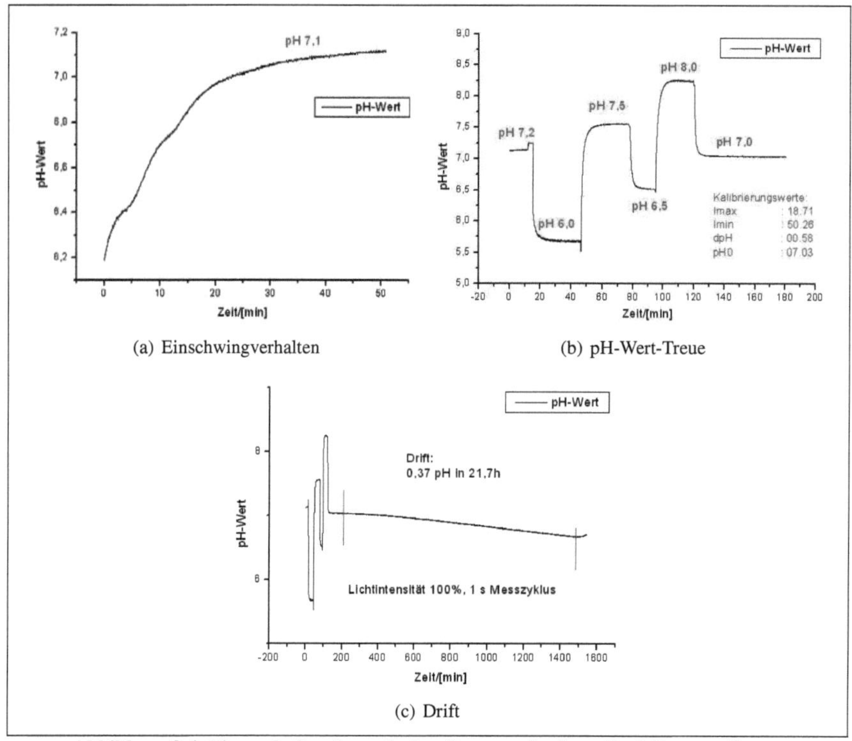

(a) Einschwingverhalten

(b) pH-Wert-Treue

(c) Drift

Abbildung 9.4: Eigenschaften der optischen Sensoren in einem Drei-Kammer-System

Das gleiche Einschwingverhalten zeigten Messungen mit den optischen Sauerstoffsensoren und dem Einkanalmessgerät Fibox 3 der Fa. PreSens. Die Drift war hier jedoch sehr gering und wurde mit weniger als 1% O_2-Sättigung in 24 Stunden ermittelt. Mit Hilfe einer Zweipunktkalibrierung wurde die Reaktionszeit des Messsystems untersucht. Um den ersten Punkt bei 100% Sauerstoffsättigung zu erhalten, wurde das Drei-Kammer-System mit „abgestandenem" Wasser gefüllt und der sich einstellende Phasen-Wert von 26,50 abgespeichert. Um den zweiten Punkt bei 0% Luftsättigung zu messen, wurde das Drei-Kammer-System mit einer Natriumsulfitlösung (Na_2SO_3) (1g in 100 ml destilliertem Wasser) befüllt und der sich einstellende Phasen-Wert von 57,20 abgespeichert. Das Natriumsulfit bindet den gesamten Sauerstoff unter Bildung von Natriumsulfat (Na_2SO_4). Bereits nach einer Minute war der Messwert um 85% Sauerstoffsätigung gefallen.

Messung mit Hefezellen

Die Messung mit Hefe in der Vorversuchsphase bietet sich an, da diese einzelligen Pilze sehr robust und damit leicht zu kultivieren sind. Hoch sterile Bedingungen, wie sie bei der Verarbeitung von humanen Zelllinien erforderlich sind, werden nicht benötigt. Damit sich die Einzeller in der Messkammer lokalisieren lassen, wurde ein Filterpapier in einer Hefesuspension getränkt und in das Drei-Kammer-System eingelegt. Abbildung 9.5 zeigt den Verlauf des pH- und pO_2-Wertes über 2,5 Stunden bei einer Temperatur von 24° Celcius. Als Messmedium wurde PBS mit einem pH von 7,2 verwendet. Es lassen sich die einzelnen Versorgungszyklen durch das Sägezahnmuster der Messkurfe erkennen. Der Gradient, der sich an jeder fallenden Flanke nach einer Zugabe bzw. Abnahme vom Medium berechnen lässt, gibt Auskunft über die Aktivität bzw. den Metabolismus der Mikroorganismen.

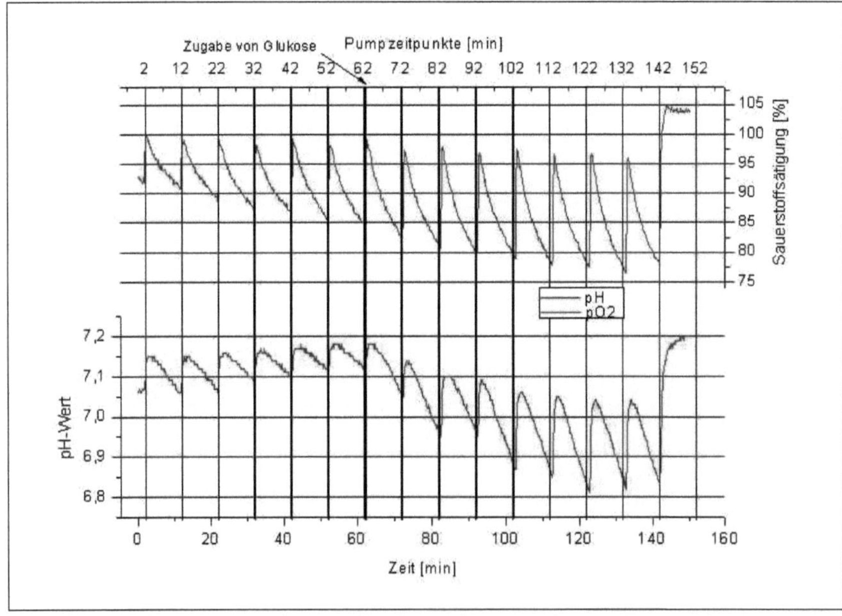

Abbildung 9.5: Messung mit Hefezellen im Drei-Kammer-System. Zu sehen ist ein Sägezahnsignal, das aufgrund der Zellaktivität und eines auf 10 Minuten eingestellten Versorgungszyklus zustande kommt

Nach der Zugabe von Glucose in Form von Traubenzucker nach etwa einer Stunde ist deutlich zu sehen, wie sich die Aktivität der Zellen erhöht. Sie ist sogar so hoch, dass das bewegte Volumen bei jeder Pumpphase nicht mehr ausreicht, um den ursprünglichen pH-Wert von 7,2 zu erreichen. Erst als nach 143 Minuten beide Pumpen synchron arbeiteten und kontinuierlich Medium durch das Fluidsystem bewegen, wird der initiale pH-Wert wieder erreicht.

Messung mit Tumorzellen

Ebenso wie im vorherigen Kapitel bei der Messung der Impedanz beschrieben, wurde mit den optischen Einkanalmessgeräten der Fa. PreSens der pH- bzw. der pO_2-Wert an einer Krebszelllinie gemessen. Dazu wurden Hela-Zellen verwendet. Das sind menschliche Epithelzellen, die aus einem Zervixkarzinom (Gebärmutterhalskrebs) der Patientin Henrietta Lacks (HeLa) im Jahre 1951 gewonnen wurden und seither kultiviert werden. Aus diesen Zellen wurde die erste permanente Zelllinie etabliert, da sie eine hohe Teilungsrate aufweisen und sich leicht kultivieren lassen. Abbildung 9.6 zeigt die gemessenen Werte.

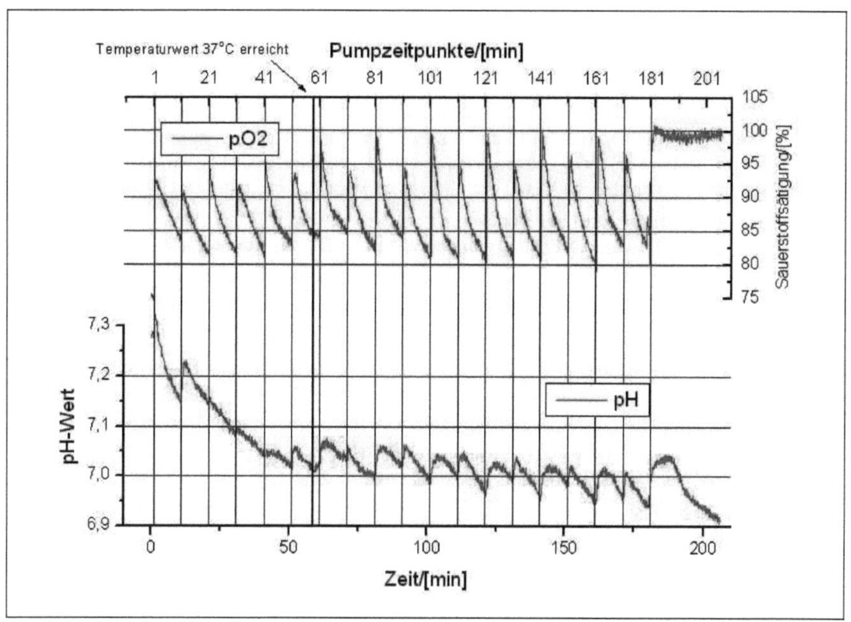

Abbildung 9.6: Gemessener pH- und pO_2-Wert an lebenden Krebszellen über mehrere Stunden. Zu sehen ist ein Sägezahnsignal, das aufgrund der Zellaktivität und eines auf 10 Minuten eingestellten Versorgungszyklus zustande kommt.

Auch hier ist das typische Sägezahnmuster beider Messwerte zu sehen. In den ersten 50 Minuten musste sich die Temperatur von 37° Celcius erst stabilisieren. Am Wert der Sauerstoffsättigung lässt sich sehr deutlich erkennen, zu welchem Zeitpunkt jeweils Pumpe 1 neues Medium zugegeben und Pumpe 2 Medium abgenommen hat. Dieser Unterschied, der die Dynamik im Zelltopf des Fluidsystems beeinflusst, kann mit dem Aufbau detektiert werden und spricht für dessen Sensitivität. Nach ca. drei Stunden bewegten beide Pumpen kontinuierlich Medium durch die Kammer und unterbrachen damit die Versorgungszyklen.

9.2 Messungen mit der SBM

Nachdem alle Messsysteme zum Auslesen der SBM zur Verfügung standen, wurden diese in mehreren Schritten mit der Messplatte kontaktiert und unter realen Bedingungen im Gesamtsystem getestet. Vorversuche mit dem optischen Mehrkanalmesssystem, wie es in Kapitel 8.2.3

beschrieben ist, zeigten ähnliche Ergebnisse wie mit den optischen Einkanalgeräten. Die Erfahrungen aus den Vorversuchen zur Impedanzmessung wurden zur Adaption der Messelektronik der Fa. RAWE Electronic herangezogen. So konnte der Messbereich neu justiert und das Datenprotokoll an die Anforderungen des Steuerprogramms (siehe Kapitel 8.3.2) angepasst werden.

Abbildung 9.7 zeigt die Ergebnisse von drei Messkammern einer voll funktionsfähigen SBM. Die hierbei verwendeten Brustkrebszellen (MCF-7) stammen von einer 69-jährigen kaukasischen Frau und wurden 1970 aus einem pleuralen Erguss gewonnen. Die Zellen werden als positiv für cytoplasmatisches Estrogen definiert [138]. MCF-7 Zellen fanden wenige Jahre nach ihrer Bestätigung als Zelllinie vielfältige Anwendung bei Untersuchungen zur Funktion des Estrogenrezeptors und zur estrogenen Wirkung. Weiterhin finden sie Einsatz bei Untersuchungen zur Wachstumsregulation, und viele Arbeitsgruppen setzten sie zur Testung der Wirksamkeit von Antihormonen und Chemotherapeutika ein [105].

Wie bei den vorhergehenden Messungen, ist auch bei dieser Messung deutlich das Sägezahnmuster bei der pH- und pO_2-Bestimmung zu sehen. Die Drei-Kammer-Systeme der SBM wurden mit $1{,}1*10^5$ Zellen in 300 µl Messmedium (DME-Lösung mit Gentamycin uns 5% FCS) beimpft und für eine Stunde inkubiert. Nach dem Verschließen der Fluidsysteme wurde die Messung bzw. die Abarbeitung der Versorgungszyklen gestartet. Nach etwa drei Stunden wurde ein Versorgungszyklus auf 20 Minuten ausgedehnt. Es ist zu sehen, dass dies über die Zeit bei gleichbleibendem Gradienten eine stärkere Änderung beim Messignal bewirkt. Der initiale pH-Wert des Messmediums von 7,2 wurde nach einem Mediumwechsel wieder erreicht.

Nach etwa 4,3 Stunden wurde das Messmedium durch ein Messmedium mit 0,2% Triton X-100 ersetzt, wobei der Versorgungszyklus beibehalten wurde. Aufgrund der zusätzlichen nichtionischen Detergenz wird der Metabolismus der Zellen unterbrochen und das typische Sägezahnmuster nicht mehr abgebildet. Noch deutlicher lässt sich die Reaktion bei der Impedanzmessung erkennen. Durch die Auflösung der Zellmenbranen ändern sich die Adhäsionskräfte in der Zellkultur schlagartig, was sehr deutlich im Messignal abzulesen ist.

Abbildung 9.8 zeigt eine Aufnahme des von der Zellkultur auf dem Sensorchip gebildeten Monolayers vor der Behandlung mit Triton X-100. In einer Aufnahme nach der Behandlung konnten keine Zellen mehr auf dem Chip nachgewiesen werden. Triton X-100 ist eine nichtionisches Detergens. Es wird benutzt, um Membranproteine in ihrer nativen Konformation aus Membranen herauszulösen. Die Zellen sterben durch die Behandlung ab und werden zersetzt.

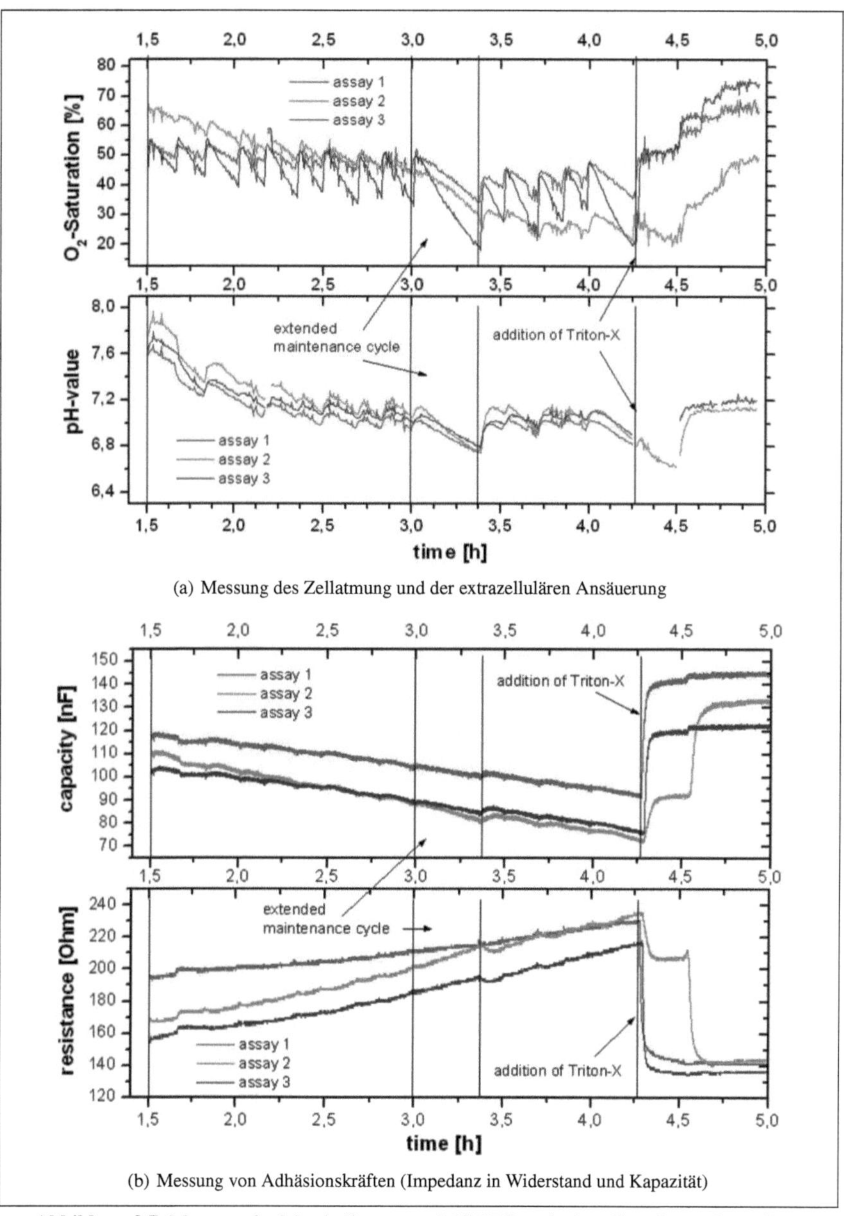

(a) Messung des Zellatmung und der extrazellulären Ansäuerung

(b) Messung von Adhäsionskräften (Impedanz in Widerstand und Kapazität)

Abbildung 9.7: Messung des Metabolismus von MCF-7 Brustkrebszellen über mehrere Stunden in der SBM [91]

Abbildung 9.8: Konfluenter Zellrasen aus MCF-7 Zellen auf einem Biosensorchip der SBM

10 Zusammenfassung und Ausblick

10.1 Zusammenfassung

Die Ansätze zur in-vitro Diagnostik mit lebenden Zellen oder Geweben sind in den letzten Jahren deutlich vielfältiger geworden. Optische Untersuchungen wie sie mit einem Mikroskop vorgenommen werden können, spielen zunehmend eine große Bedeutung. Das liegt zum einen daran, dass im Laufe der Jahre ein großer Erfahrungsschatz generiert wurde, auf der anderen Seite wurden deutliche Fortschritte im Bereich der Fluoreszensmikroskopie erzielt (siehe Kapitel 8.2.4). Nicht ohne Grund bringen Hersteller von Mikroskopsystemen neue Modelle auf den Markt, die speziell für die Anforderungen der in-vitro Diagnostik konzipiert wurden. In Kapitel 3.5 sind zwei Messysteme der Firmen NIKON und Keyence beschrieben, die durch eine klimatisierte Probenkammer eine reproduzierbare in-vitro Diagnostik erst ermöglichen.

Zunehmend spielen auch Sensorsysteme im Format einer Multiwellplatte eine tragende Rolle bei der Entwicklung funktionaler Assays [29]. In Kapitel 3 sind verschiedene Plattenaufbauten und Messmethoden beschrieben. Einige basieren auf einem optischen Erkennungssystem, das schon geringe Veränderungen innerhalb weniger µm oberhalb des Sensors feststellen kann (SPR, GMR). Auch wenn die Hersteller dieser Systeme überwiegend Anwendungen im Bereich der molekularen Diagnostik (Bindungsaffinitäten) beschreiben, so wurden bereits Messungen mit Zellen durchgeführt[1]. In wie weit diese Ergebnisse aber für diagnostische Zwecke in Betracht kommen gilt es in Zukunft zu klären.

Ebenfalls im Format einer Multwellplatte sind Messysteme auf Basis von Impedanzsensoren erhältlich (siehe Kapitel 3.4). Generell muss man hier zwischen zwei Aufbauten unterscheiden, die sich lediglich durch eine unterschiedliche Sensorstruktur auszeichnen. Eine vergleichende Analyse, die Aufschluss über die Vor- und Nachteile der unterschiedlichen Sensorgeometrien gibt, ist durch die Literatur nicht beschrieben. Der in dieser Arbeit verfolgte Ansatz mit einer IDES als Sensor wird auch von der Firma ACEA Biosciences aus den USA sowie der Firma Bionas aus Rostock verfolgt.

Betrachtet man den Stand der Technik im Bereich der automatisierten in-vitro-Diagnostik, so zeigt sich, dass optische (zusätzlich zur Mikroskopie) und elektrochemische Messverfahren und eine Kombination dieser zunehmend an Bedeutung gewinnen. Auch wenn HTS das gegenwärtige Instrument zur Wirkstoffsuche in der pharmazeutischen Forschung ist, so ist ein Trend zum aussagekräftigeren HCS erkennbar. Durch dynamische Untersuchungen zweidimensionaler Zellverbände (Zellkulturen) und in zunehmendem Maße auch dreidimensionaler Gewebestrukturen lassen sich differenziertere Aussagen über die Wirkung von Substanzen machen [141].

Alle auf dem Markt verfügbaren Systeme vereinen in sich verschiedene Technologien zur Untersuchung von Zell- bzw. Gewebeproben. Dabei sind die mikroskopbasierten Systeme am ehesten an die Bedürfnisse einer Langzeitkultur angepasst. Wichtige Kriterien wie Sterilität und Temperierung bieten nur die wenigsten Analysegeräte. Dabei spielt gerade bei in-vitro Untersuchungen mit lebenden Zellen die Simulation des zellphysiologischen Zustandes innerhalb eines Gewebes (in-vivo) eine entscheidende Rolle. Ebenso ist die Kombination von optischen und sensorgestützten Parametern entscheidend, um die Auswirkungen verschiedener Wirkstoffe auf lebende Zellen genauer bestimmen zu können.

Das in dieser Arbeit beschriebene HCS-System vereinigt erstmals in sich verschiedene optische und elektrochemische Messverfahren unter in-vivo nahen Bedingungen. Durch die Anordnung

[1] Internetauftritt: http://www.corning.com/lifesciences/

von 24 einzelnen Messkammern ist es erstmals möglich, pH, pO_2 und Impedanz parallelisiert und in Echtzeit zu erfassen. Durch die Möglichkeit, ein Mikroskop in des System zu integrieren, sind zusätzlich bildgebende Detektionsverfahren zugänglich. Dabei erlaubt das hoch integrierte System in Kombination mit der in Kapitel 7 beschriebenen SBM für High-Content-Analysen durchsatzoptimierte Messabläufe. Dies wird unter anderen durch ein vollautomatisches Liquid Handling System mit Hilfe eines Pipettierroboters, einer computergestützten Ablaufsteuerung sowie präziser optischer bzw. elektrischer Messelektronik ermöglicht. Die Herausforderung an dieser Stelle lag in der Anpassung der Gerätekomponenten an eine sterile, kompakte und klimatisierte Arbeitsumgebung. Durch ein modulares Hardwarekonzept und ein Steuerprogramm, das erst zur Laufzeit mit proprietärer Systeminformationen versorgt wird, ist das Screeningsystem für zukünftige Anwendungen und Ausbaustufen gewappnet. Alternative sowie zusätzliche Systemkomponenten (z.B. Messsysteme) können per Plug and Play in das System integriert werden. Hierfür dienen standardisierte XML-Datenstrukturen, in denen komponentenspezifische Informationen wie z.B. Kommunikationsgeschwindigkeit und Befehlumfang beschrieben sind.

Von zentraler Bedeutung für eine reproduzierbare und vor allem aussagekräftige in-vitro Diagnostik ist die geringe Distanz zu in-vivo Bedingungen. Besonderer Wert wurde auf den Aufbau des Probenträgers in Form einer Multiwellplatte gelegt. Das Drei-Kammer-System stellt dabei die zentrale funktionelle Einheit dar, die in der SBM mehrfach (24) parallel angeordnet ist (siehe Kapitel 7.4). Diese Mikrofluidikeinheit sorgt für einen geregelten Austausch von Kulturmedien zur Versorgung der Zellen mit Nährstoffen, für den Abtransport von Metaboliten und für eine genau dosierten Zugabe von Wirkstoffen. Dabei fungiert sie als störgrößenreduzierende Schnittstelle zwischen dem Liquid Handling System und der Fluidik direkt an der Zellkultur. Die Fluidikkomponente eines integrierten Zell-Chip-Systems hat entscheidenden Einfluss auf die Sensitivität und die Reaktionsgeschwindigkeit von zellmodulierten Messungen. Insbesondere das Volumen der Zellkulturkammer, aber auch der Strömungsverlauf in dieser, sind hierbei von besonderer Bedeutung. Sie bestimmen wesentlich mit, wie schnell ein Analyt in ausreichender Konzentration vorliegt, um detektiert zu werden. Mit der SBM konnte ein neuer vielversprechender Ansatz gezeigt werden, der auf der einen Seite vorgegebene Plattenstandards so weit wie möglich berücksichtigt, auf der anderen Seite erstmals ein Fluidiksystem in sich integriert.

Mit Hilfe der in den Kapiteln 5 und 6 beschriebenen Grundlagen konnte ein Verständnis und eine mathematische Beschreibung der Platte erarbeitet werden. Das entwickelte Modell berücksichtigt die elektrochemischen Eigenschaften des Messaufbaus und bietet damit die Bewertungsgrundlage für die absolut gemessene Impedanz. Bei der Betrachtung wichtiger Literaturquellen [155, 41, 2] ist zu erkennen, dass viele Arbeitsgruppen die elektrochemischen Eigenschaften von Zellen oder Geweben sehr theoretisch beschreiben. Die Zuordnung einer gemessenen Impedanz ist jedoch schwierig. Was bei den Betrachtungen fehlt, ist, dass der Messaufbau entscheidend zum Ergebnis und damit letztendlich zur Bewertung der Messkurven beiträgt. In Kapitel 7.5.1 ist mit Hilfe der Impedanzspekroskopie eine elektrochemische Beschreibung der Messkammer gelungen, die als „Nullpunktmessung“ systemimmanente Charakteristika verdeutlicht. Erst mit Hilfe einer so gewonnenen Bewertungsgrundlage lassen sich detektierte Impedanzwerte zuverlässig zellphysiologischen Veränderungen zuordnen.

Als zweite wichtige Eigenschaft des Drei-Kammer-Systems ist die Fluidik zu nennen. In Kapitel 7.4.1 ist die Strömungsdynamik detailliert beschrieben. In einem ersten Schritt wurden die Randbedingungen am Ein- und Auslauf des Zellkulturtopfes mathematisch bestimmt. Aufgrund eines zugrunde liegenden Modells aus kommunizierenden Röhren musste hierfür eine Differentialgleichung gelöst werden, die das Ausgleichverhalten der Flüssigkeitssäulen bezogen auf einen Strömungswiderstand (Zellkulturtopf) beschreibt. Durch Einsetzen dieser zeitlich variierenden Druckdifferenzen als Randbedingungen am Ein- und Zulauf des Zellkulturtopfes, konnte in einem zweiten Schritt das fluiddynamische Verhalten (**F**inite **E**lemente **M**ethode (FEM)) innerhalb des Zellkulturtopf ermittelt werden.

Durch die Bestimmung der fluidischen und elektrochemischen Eigenschaften ist der Messaufbau, das Drei-Kammer-System, vollständig beschrieben. sollten sich in Zukunft Änderungen innerhalb der SBM aufgrund unterschiedlicher Anwendungen oder Messverfahren ergeben, so können die Auswirkungen durch einfache Anpassung der Systemvariablen nachvollzogen werden. Ebenso können auf Basis des mathematischen Modells Testroutinen entwickelt werden, die das bereits optimierte Drei-Kammer-System weiter verfeinern und somit sensitiver bei Wirkstoffuntersuchungen macht.

In Kapitel 9 ist eine Historie der wichtigsten im Zuge dieser Arbeit durchgeführten Messung mit der SBM zu sehen. Frühe Messungen an einer Zellkultur, schon im ersten halben Jahr, sollten Chancen und Risiken des verfolgten Ansatzes verdeutlichen. Nach jedem Vorversuch wurde das Fluidsystem gegebenenfalls modifiziert bzw. optimiert. Durch diesen iterativen Prozess konnte das Drei-Kammer-System letztendlich so wie in Kapitel 7.4 beschrieben verwirklicht werden. Messungen zur Messbereichsbestimmung und Langzeitstabilität waren ebenso notwendig, wie Untersuchungen zur Absolutwerttreue. Interaktionen zwischen verschiedenen Materialien und den Messystemen durften nicht bestehen, um die Qualität der Messergebnisse nicht zu beeinflussen. Letztendlich zeigt die in Abbildung 9.7 und in Lob et al. [91] veröffentlichte dynamische Messung mit lebenden Zellen die Charakteristik des Drei-Kammer-Systems bzw. der SBM. Die dabei erzielte Genauigkeit der Absolutwertänderungen liegt bei allen Parametern im einem beispielhaften Bereich und ermöglicht schnell und dynamisch geringe morphologische und metabolische Änderungen zu erfassen.

Das HCS-System mit der SBM als Herzstück und Probenträger zeigt neue Wege im Bereich der Entwicklung und Bearbeitung funktionaler Assays auf. Es zeichnet sich durch seine Anpassungsfähigkeit an biologische Systeme aus, die bisher verfügbare Analysegeräte nicht besitzen. Die realitätsnahen Messergebnisse rechtfertigen den großen technologischen Aufwand, um invivo nahe Bedingungen innerhalb des Analyseplattform zu gewährleisten. Ein Einsatz dieses Systems ist in vielen Bereichen wie etwa der systembiologischen Forschung, der pharmazeutischen Wirkstoffsuche und der klinischen Diagnostik denkbar.

Zusammenfassend lassen sich folgende Aspekte nenne, die den technologischen Vorsprung der Analyseplattform gegenüber bestehender Systeme beschreiben:

- Starke Aussagekraft durch realitätsnahe Simulation der Gewebesituation
- Gleichzeitige Bestimmung/Verfolgung mehrerer relevanter Messparameter
- Dynamisches Zellmonitoring in Echtzeit (Regenerationseffekte können entdeckt werden)
- Schnelle dezentrale Testdurchführung
- Parallele Untersuchung von bis zu 24 Zellproben

10.2 Ausblick

Die in der Arbeit beschriebene Analyseplattform zur dynamischen Untersuchung lebender Zellen wird bereits in weiteren Forschungsprojekten erfolgreich eingesetzt. Dabei haben sich die realisierten Konzepte zur Probenversorgung, Automatisierung und Datenerfassung als richtungsweisend herausgestellt. Zukünftige Arbeiten, die noch geleistet werden müssen, um einen industriellen Einsatz des HCS-Systems zu erleichtern, sind:

- *Klimatisierung*: Derzeit befindet sich der gesamte Aufbau in einem Inkubator der Fa. Thermo Fischer Scientific. Um eine noch höhere Integrität des Gesamtsystems zu erreichen, müssen Strategien für eine Klimatisierung in einem Minimalvolumen oberhalb der SBM entwickelt werden. Dabei ist es entscheidend, Räume bzw. Volumen so zu definieren, dass sie sich geometrisch leicht voneinander trennen und hermetisch verschließen lassen. Ein Raum, in dem sich der Pipettierroboter, die SBM und alle für einen Versuchsablauf notwendigen Flüssigkeiten befinden, stellt höchste Anforderungen in Bezug auf stabile Basisparameter und Sterilität.
- *Höhere Parallelisierung*: Um den Probendurchsatz zu erhöhen ist es möglich, mehr als 24 Drei-Kammer-Systeme in eine Multiwellplatte zu integrieren. Geometrische Änderungen (aufgrund einer Skalierung) im Fluidsystem können mit dem in Kapitel 7.4.1 gewonnenen mathematischen Verständniss leicht nachvollzogen, angepasst und simuliert werden.
- *Datenverarbeitung/-auswertung*: Derzeit werden alle gewonnenen Messdaten dem Benutzer in Rohwerten angezeigt. Mit einem zukünftigen tieferen Verständnis für die biologische Aussagekraft der Messwerte im einzelnen aber auch im Zusammenspiel können Dateninterpretationstools programmiert werden, die dem Benutzter applikationsabhängig vorkonfektionierte Ergebnisswerte präsentieren.

Das modulare Konzept des Analysesystems (siehe Kapitel 8) ermöglicht es für zukünftige Anforderungen an ein HCS-System, zur Untersuchung und Entwicklung funktionaler Assays gewappnet zu sein. Die entwickelte Steuersoftware auf XML-Basis in Verbindung mit dem übergeordneten Hardwarekonzept erlaubt es, beliebige Messgeräte und Programmpakete (Dateninterpretation) in das Gesamtsystem zu integrieren.

Mit der SBM ist die Verwirklichung eines neuartigen Probenträgers gelungen, der erstmals drei von einander unabhängige Teilsysteme, (1. Zellkultur, 2. Messsystem, 3. Fluidsystem) miteinander verbindet. Dabei wurde bei der Erstellung des Konzeptes sowie bei der Entwicklung darauf geachtet, dass Interaktionen zwischen den Teilsystemen minimiert sind. So darf z.B. die Strömungsdynamik des Fluidsystems die Zellkultur nicht negativ beeinflussen. Eine minimalinvasive Parameteraufnahme bei gleichzeitiger Zell- bzw. Gewebeversorgung ist der Schlüssel für zukünftige in-vivo nahe in-vitro-Diagnostik.

Mit der Analyseplattform ist eine technologische Basis entstanden, die erst die Möglichkeit bietet systembiologische Prozesse bzw. Wirkmechanismen näher zu verstehen. Forschungsarbeiten mit dem Anspruch biologische Systeme genauer zu verstehen, können aufbauend auf dieser Technologie neue und wertvolle Erkenntnisse erarbeiten. Die Auflösung der Messtechnik ist ausreichend, um die Fragestellungen der nächsten Jahre beantworten zu können. Die systembiologische Bewertung der gemessenen Parameter und deren Verknüpfung zu einem biologischen Modell müssen zukünftige Forschungsarbeiten bzw. Studien zeigen.

Unter Berücksichtigung der beschriebenen Ansätze bietet das HCS-System sowie die SBM umfangreiches Potential zur Weiterentwicklung in den verschiedensten Teilbereichen.

Abkürzungsverzeichnis

ASCII	American Standard Code for Information Interchange
ATP	Adenosintriphosphat
Bd	Baud; Einheit für die Schrittgeschwindigkeit (Symbolrate) in der Nachrichtentechnik
Bit	Binary digit; kleinste Einheit einer Datenmenge
CCD	Charge-Coupled Device
CDS	Cellular Dielectric Spectroscopy
CPE	Constant Phase Element
Da	Dalton; Masseeinheit, die vor allem in der Biochemie und in der organischen Chemie verwendet wird
DC	Direct Current
DLL	Dynamic Link Library
DLR	Dual Lifetime Referencing
DME	Dulbecco's Modified Eagle
DNA	DeoxyriboNucleicAcid
DOS	Disk Operating System
EIA-232	Electronic Industries Alliance-232
FCS	Fetal Calf Serum
FEM	Finite Elemente Methode
FPGA	Field Programmable Gate Array
GE	General Electric
GMR	Guided Mode Resonance
GUI	Graphical User Interface
HCS	High Content Screening
HEPES	2-(4-(2-HydroxyEthyl)-1-Piperazinyl)-EthansulfonSäure
HP	High Potential
HTS	High Throughput Screening
HW	HardWare
Hz	Hertz; Einheit für die Frequenz
IDES	InterDigitated Electrode Structure
iMIC	imaging MICroscope
IZR	Intrazellularraum
LED	Light Emitting Diode
LME	Lehrstuhl für Medizinische Elektronik
mm	milli Meter; Längeneinheit: 1mm entspricht 10^{-3} Meter
mmHg	milli Meter-Quecksilbersäule (Hg ist das chemische Zeichen für Quecksilber)
nm	nano Meter; Längeneinheit: 1nm entspricht 10^{-9} Meter
PBS	Phosphate Buffered Saline
PC	Personal Computer
PCM	PhysioControl Microsystem
PME	Phosphormonoester
PWV	Peak Wavelength Value
RWGS	Resonant Waveguide Grating Sensor
s	Sekunde
SBM	Sensor Based Mikrowellplate
SDR	SensorDish® Reader
SNR	Signal-to-Noise Ratio

SPI	**S**erial **P**eripheral **I**nterface
SPR	**S**urface **P**lasmon **R**esonance
SPS	**s**peicher**p**rogrammierbare **S**teuerung
SW	**S**oft**W**are
TUM	**T**echnischen **U**niversität **M**ünchen
µl	mikro (**µ**) **L**iter; Volumeneinheit: 1 µl entspricht 10^{-6} Liter
µm	mikro (**µ**) **M**eter; Längeneinheit: 1 µm entspricht 10^{-6} Meter
USA	**U**nited **S**tates of **A**merica
V	**V**olt; Einheit der elektrischen Spannung
VS	**V**isual **S**tudio
XML	E**x**tensible **M**arkup **L**anguage

Abbildungsverzeichnis

Tabellenverzeichnis

Literaturverzeichnis

[1] *Microchip Technology Incorporated, Datenblatt des PIC16F87XA, Chandler 2003*

[2] ADAM, G. ; LÄUGER, P. ; STARK, G. : *Physikalische Chemie und Biophysik*. Bd. 4. Berlin : Springer Verlag, 2003

[3] ALBERTS ; ET. AL: *Molekularbiologie der Zelle*. Bd. 4. Weinheim : Wiley-VCH, 2003

[4] ASMUS, T. . *Zwischenbericht Projekt IMWP*. nicht veröffentlicht. Januar 2005

[5] ATIENZA, J. M. ; ZHU, J. ; WANG, X. ; XU, X. ; ABASSI, Y. : Dynamic monitoring of cell adhesion and spreading on microelectronic sensor arrays. In: *J Biomol Screen*. 10 (2005), S. 795–805

[6] AXELROD, D. : Total Internal Reflection Fluorescence Microscopy in Cell Biology. In: *Traffic* 2 (2001), November, Nr. 11, S. 764

[7] BALIS, F. M.: Evolution of Anticancer Drug Discovery and the Role of Cell-Based Screening. In: *Journal of the National Cancer Institute* 94 (2002), Nr. 2, S. 78–79

[8] BARABASZ, A. ; FOLEY, B. ; OTTO, J. C. ; SCOTT, A. ; RICE, J. : The Use of High-Content Screening for the Discovery and Characterization of Compounds That Modulate Mitotic Index and Cell Cycle Progression by Differing Mechanisms of Action. In: *ASSAY and Drug Development Technologies 4* 2 (2006), April, S. 153–163

[9] BARSOUKOV, E. ; MACDONALD, J. R.: *Impedance spectroscopy : theory, experiment, and applications*. Bd. 4. 2. Wiley-Interscience, 2005

[10] BASHFORD, C. L.: The measurement of membrane potential using optical indicators. In: *Bioscience Reports* 1 (1981), S. 183–196

[11] BATHE, K. J.: *Finite-Elemente-Methoden*. Bd. 2. Berlin : Springer, 2001. – ISBN 978-3-540-66806-0

[12] BEVENSEE, M. O. ; BASHI, E. ; SCHLUE, W. R. ; BOYARSKY, G. ; BORON, W. F.: Shrinkage-induced activation of Na^+/H^+ exchange in rat renal mesangial cells. In: *Am.J.Physiol* 276 (1999), S. 674–683

[13] BORKHOLDER, D. : *Cell Based Biosensors Using Microelectrodes*, Department of Electrical Engineering, Stanford University, USA, Diss., 1998

[14] BOWEN, W. P. ; PAYNE, S. L.: High-content screening in oncology using fluorescence microplate cytometry. In: *Nature Methods* 2 (2005), Dezember, S. 1–2

[15] BOYARSKY, G. ; GANZ, M. B. ; STERZEL, R. B. ; BORON, W. F.: pH regulation in single glomerular mesangial cells. I. Acid extrusion in absence and presence of HCO3-. In: *Am.J.Physiol* 255 (1988), S. 844–856

[16] BOYER, M. G. ; TANNOCK, I. F.: Regulation of intracellular pH in tumor cell lines: influence of microenviromental conditions. In: *Cancer Research* 52 (1992), Nr. August, S. 4441–4447

[17] BOYETT, M. R. ; ORCHARD, M. S. K. C. H.: The effect of acidosis in single ventricular cells isolated from ferret heart (Abstr.). In: *J Physiol* 407 (1988), S. 114

[18] BRAECKMANS, K. ; PEETERS, L. ; SANDERS, N. N. ; DE SMEDT, S. C. ; DEMEESTER, J. : Three-Dimensional Fluorescence Recovery after Photobleaching with the Confocal Scanning Laser Microscope. In: *Biophysical Journal* 85 (2003), Nr. 4, S. 2240–2252

[19] BRAUNSTEIN, J. ; ROBBINS, G. D.: Electrolytic Conductance Measurements and Capacitive Balance. In: *J. Chem. Educ.* 48 (1971), S. 52–59

[20] BRAY, D. : Intracellular signalling as a parallel distributed process. In: *Journal of Theoretical Biology* 143 (1990), S. 215–231

[21] BRISCHWEIN, M. ; BAUMANN, W. ; EHRET, R. ; SCHWINDE, A. ; KRAUS, M. ; WOLF, B. : Microsensory systems in cell biology basic research and medical diagnostics. In: *Naturwissenschaften* 83 (1996), Nr. 5, S. 193–200

[22] BRISCHWEIN, M. ; GEISLER, T. ; LOB, V. ; WIEST, J. ; RESSLER, J. ; WOLF, B. : Chip statt Maus: Microsensorarrays zur Chemikalienprüfung. In: *Nachrichten aus der Chemie* 54 (2006), S. 115–120

[23] BRISCHWEIN, M. ; GROTHE, H. ; OTTO, A. M. ; RESSLER, J. ; LOB, V. ; WIEST, J. ; WOLF, B. : Möglichkeiten und Grenzen der Mikrosensortechnologie in zellulärer Diagnostik und Pharmascreening. In: *Chemie Ingenieur Technik* 77 (2005), November, Nr. 12, S. 1955–1959

[24] BUSA, W. B. ; NUCCITELLI, R. : Metabolic regulation via intracellular pH. In: *Am J Physiol Regul Integr Comp Physiol* 246 (1984), S. 409–438

[25] CANTLEY, L. C. ; AUGER, K. R. ; CARPENTER, C. ; DUCKWORTH, B. ; GRAZIAN, A. ; KAPELLER, R. ; SOLTOFF, S. : Oncogenes and signal transduction. In: *Cell* 64 (2) (1991), S. 281–302

[26] CAV: *Schrittmotor- oder Servolösungen für Antriebs- und Positionieraufgaben. Vergleich bringt Klarheit (www.cav.de).* Broschüre. 2005. – S. 58

[27] CERIOTTI, L. ; PONTI, J. ; BROGGI, F. ; KOB, A. ; DRECHSLER, S. ; THEDINGA, E. ; COLPO, P. ; SABBIONI, E. ; EHRET, R. ; ROSSI, F. : Real-time assessment of cytotoxicity by impedance measurement on a 96-well plate. In: *Sensors and Actuators B: Chemical* 123 (2006), S. 769–778

[28] COLE, K. S.: *Membranes, Ions and Impulses.* University of California Press, 1972

[29] COMLEY, J. ; FOX, S. : Growing market for high content analysis tools. In: *Drug Discovery World* Spring (2004), S. 25–34

[30] COMSOL: *Handbücher Femlab / Comsol Multiphysics.* Comsol, 2005

[31] CUNNINGHAM, B. ; LI, P. ; LIN, B. ; PEPPER, J. : Colorimetric resonant reflection as a direct biochemical assay technique. In: *Sensors and Actuators B* 81 (2002), Januar, S. 316–328

[32] CUNNINGHAM, B. ; LIN, B. ; QIU, J. ; LI, P. ; PEPPER, J. ; HUGH, B. : A Plastic Colorimetric Resonant Optical Biosensor for Multiparallel Detection of Label-Free Biochemical Interactions. In: *Sensors & Actuators B* 85 (2002), S. 219–226

[33] CUNNINGHAM, B. ; QIU, J. ; LI, P. ; LIN, B. : Enhancing the Surface Sensitivity of Colorimetric Resonant Optical Biosensors. In: *Sensors and Actuators B* 87 (2002), Dezember, S. 365–370

[34] DAVIDSON, M. ; KARLSSON, M. ; SINCLAIR, J. ; SCOTT, K. ; ORWAR, O. : Nanotubevesicle networks with functionalized membranes and interiors. In: *Journal of the American Chemical Society* 125 (2003), S. 374–378

[35] DIMASI, J. A. ; HANSEN, R. W. ; GRABOWSKI, H. G.: The price of innovation: new estimates of drug development costs. In: *Journal of Health Economics* 22 (2003), Nr. 2, S. 151–185

[36] DOVE, A. : Screening for content - the evolution of high throughput. In: *Nature Biotechnology* 21 (2003), S. 859–864

[37] DREW, J. : Drug discovery: a historical perspective. In: *Science* 287 (2000), S. 1960–1964

[38] DUKHIN, S. S.: Dielectric Properties of Disperse Systems. In: *Surface Colloid Sci.* 3 (1971), S. 83

[39] EHRET, R. ; ET. AL: Multiparametric microsensor chips for screening applications. In: *Fresenius J Anal Chem* 369 (2001), S. 30–35

[40] EHRET, R. ; BAUMANN, W. ; BRISCHWEIN, M. ; UND B. WOLF, A. S.: On-line control of cellular adhesion with impedance measurements using interdigitated electrode structures. In: *Medical and Biological Engineering and Computing* 36, Nr.3 (1998), S. 365–370

[41] EHRET, R. ; BAUMANN, W. ; BRISCHWEIN, M. ; SCHWINDE, A. ; STEGBAUER, K. ; WOLF, B. : Monitoring of cellular behaviour by impedance measurements on interdigitated electrode structures. In: *Biosensors and Bioelectronics* 12 (1997), Nr. 1, S. 29–41. – 0956-5663 Journal Article

[42] ELLIOTT, S. R. ; OWENS, A. P.: The diffusion-controlled relaxation model for ionic transport in glasses. In: *PHIL. MAG. B.* 60, Nr.6 (1989), S. 777–792

[43] FANG, Y. : Label-free cell-based assays with optical biosensors in drug discovery. In: *Assay and Drug Development Technologies* 4 (2006), Dezember, S. 583–595

[44] FANG, Y. ; FERRIE, A. ; FONTAINE, N. ; MAURO, J. ; BALAKRISHNAN, J. : Resonant Waveguide Grating Biosensors for Living Cell Sensing. In: *Biophysical Journal* 91 (2006), September, S. 1925–1940

[45] FANG, Y. ; FERRIE, A. ; LI, G. : Label-free Profiling of Endogenous G Protein-coupled Receptors Using a Cell-based High Throughput Screening Technology. In: *JALA* 11 (2006), August, S. 181–187

[46] FANG, Y. ; LI., G. : Assay Optimization and Performance Evaluation of Cell Assays with Epic® System and Bradykinin B2 Receptors in A431 Cells. In: *Corning REDLINES*, 2007

[47] FASCHING, G. ; HAUSER, H. ; SMETANA, W. ; 1 (Hrsg.): *Werkstoffe für die Elektrotechnik*. Springer, 1995

[48] FRANKLIN, B. ; LABAREE, L. W. (Hrsg.) ; BELL, W. J. (Hrsg.) ; BOATFIELD, H. C. (Hrsg.) ; FINEMAN, H. H. (Hrsg.): *The Papers of Benjamin Franklin: January 1, 1745 through June 30, 1750*. Bd. 3. Yale University Press, 1961

[49] FRICKE, H. : A mathematical treatment fo the electrical conductivity of colloids and cell suspensions. In: *Journal of General Physics* 6 (1924), S. 375–384

[50] FRICKE, H. : A Mathematical Treatment of the Electric Conductivity and Capacity of Disperse Systems. In: *Phys. Rev.* 24 (1924), S. 575 – 587

[51] FRICKE, H. ; MORSE, S. : An experimantal study of the electrical conductivity of disperse systems. In: *Physical Reviews* 25 (1925), S. 361 – 367

[52] FUNKE, K. : Debye-Hückel-type relaxation processes in solid ionic conductors: The model. In: *Solid State Ionics* 18 & 19 (1986), S. 183–190

[53] GEDDES, L. A. ; BAKER, L. E.: The specific resistance of biological material - a compendium of data for the biomedical engineer and physiologist. In: *Med. & biol. Eng.* 5 (1976), S. 271–293

[54] GEISLER, T. ; RESSLER, J. ; HARZ, H. ; WOLF, B. ; UHL, R. : Automated Multiparametric Platform for High-Content and High-Throughput Analytical Screening on Living Cells. In: *IEEE Transactions on Automation Science and Engineering* 3 (2006), April, Nr. 2, S. 169–176

[55] GERSTEN, K. : *korrigierter Nachdruck 1992 Braunschweig*. Bd. 6., Überarb. Auflage.: *Einführung in die Strömungsmechanik*. Vieweg, 1991

[56] GERWECK, L. E. ; SEETHARAMAN, K. : Cellular pH gradient in tumor versus normal tissue: potential exploitation for treatment of cancer. In: *Cancer Research* 56 (1996), März, S. 1194–1198

[57] GOUY, G. : Constitution of the electric charge at surface of an electrode. In: *J. Phys.* 9 (1910), S. 457–467

[58] GRANT, E. H. ; SHEPPARD, R. J. ; SOUTH, G. P.: *Dielectric Behaviour of Biological Molecules in Solution*. Oxford University Press, 1978

[59] GREABER, T. G. ; ET. AL: Hypoxia-mediated selection of cells with diminished apoptotic potential in solid tumours. In: *Nature* 379 (1996), S. 88–91

[60] GRIFFITHS, J. R.: Are cancer cells acidic? In: *British journal of cancer* 64 (1991), Nr. 3, S. 425–427

[61] GRIMNES, S. ; ØRJAN MARTINSEN ; 1 (Hrsg.): *Bioimpedance and Bioelectricity Basics*. Academic Press, 2000

[62] HAMANN, C. H. ; VIELSTICH, W. : *Elektrochemie*. Bd. 4. Weinheim : Wiley-VCH, 2005

[63] HANAI, T. : *Electrical properties of emulsions*. Emulsion Science, Academic Press, New York, 1968

[64] HANN, M. M. ; OPREA, T. I.: Pursuing the leadlikeness concept in pharmaceutical research. In: *Current Opinion in Chemical Biology* 8 (2004), Nr. 3, S. 255–263

[65] HAUGLAND, R. P. ; EUGENE (Hrsg.): *Handbook of Fluorescent Probes and Research Chemicals*. Molecular Probes Inc., 1992

[66] HÖCKEL, M. ; VAUPEL, P. : Tumor Hypoxia: Definitions and Current Clinical, Biologic, and Molecular Aspects. In: *Journal of the National Cancer Institute* 93 (2001), Februar, Nr. 4, S. 266–276

[67] HELMHOLTZ, H. : Studien über elektrische Grenzschichten. In: *Ann. Phys. Chem.* 7 (1879), S. 377–382

[68] HOFFMANN, E. K.: Anion exchange and anion-cation co-transport systems in mammalian cells. In: *Philosophical Transactions of the Royal Society of London B* 299 (1982), Nr. 1097, S. 519–535

[69] HOLST, G. C.: *Electro-Optical Imaging System Performance*. 2. Jcd Publishing and Spie Optical Engineering P, April 2000

[70] HUBER, C. ; KLIMANT, I. ; KRAUSE, C. ; WERNER, T. ; MAYR, T. ; WOLFBEIS, O. : Optical sensor for seawater salinity. In: *Fresenius J Anal Chem* 368 (2000), S. 196–202

[71] ISFORT, R. J. ; CODY, D. B. ; ASQUITH, T. N. ; RIDDER, G. M. ; STUARD, S. B. ; LEBOEUF, R. A.: Induction of protein phosphorylation, protein synthesis, immediate-early-gene expression and cellular proliferation by intracellular pH modulation. In: *European Journal of Biochemistry* 213 (1993), Nr. 1, S. 349–357

[72] JOHN, G. T. ; GOELLING, D. ; KLIMANT, I. ; SCHNEIDER, H. ; HEINZLE, E. : pH-Sensing 96-well microtitre plates for the characterization of acid production by dairy starter cultures. In: *Journal of Dairy Research* 70 (2003), S. 327–333

[73] JOHN, G. T. ; KLIMANT, I. ; WITTMANN, C. ; HEINZLE, E. : Integrated optical sensing of dissolved oxygen in microtiter plates: a novel tool for microbial cultivation. In: *Biotechnology and Bioengineering* 81 (2003), März, Nr. 7, S. 829–836

[74] JOHNSON, B. ; SKIBO, C. ; YOUNG, M. : *Inside Microsoft® Visual Studio® .NET. Effizientes Programmieren mit dem Visual Studio .NET 2003*. Bd. 1. Deutschland : Microsoft Press, 2003. – ISBN-10: 3860636839

[75] JONSCHER, A. K.: Dielectric relaxation in solids. In: *J. Phys. D: Appl. Phys.* 32 (1999), S. 57–70

[76] KAUFMANN, K. ; PAHL, G. . *Zwischenbericht Projekt IMWP*. nicht veröffentlicht. 2005

[77] KÖNIG, K. : Multiphoton microscopy in life sciences. In: *Journal of Microscopy* 200 (2000), November, Nr. 2, S. 83–104

[78] KNOLL, A. ; SCHERER, T. ; POGGENDORF, I. ; LUTKEMEYER, D. ; LEHMANN, J. : Flexible Automation of Cell Culture and Tissue Engineering Tasks. In: *Biotechnol. Prog.* 20 (6) (2004), S. 1825 – 1835

[79] KOPITZKI, K. : *Einführung in die Festkörperphysik*. Stuttgart : Teubner, 1989

[80] KRAPF, R. : Physiology and molecular biology of the renal Na/H antiporter. In: *Klin.Wochenschr* 67 (1989), S. 847–851

[81] KRAUS, M. : *Strukturierte Biologische Modellierung: Eine systematische Methode zur strukturierten Analyse, Modellierung und Simulation zellbiologischer Systeme*, Albert-Ludwigs-Universität Freiburg, Diss., 1993

[82] KRAUS, M. ; BAUMANN, W. ; BRISCHWEIN, M. ; LEROUX, R. E. C. ; WOLF, B. : Biosensorik mit zellulären Systemen. In: *Bioscope* I (1993), S. 24–33

[83] KRAUS, M. ; WOLF, B. : *Structured Biological Modelling: A new Approach to Biophysical Cell Biology*. CRC Press, Boca Raton, 1995

[84] KRAUSE, C. . *Zwischenbericht Projekt IMWP*. nicht veröffentlicht. 2005

[85] KREMER, F. ; SCHOENHALS, A. : *Broadband dielectric spectroscopie*. Berlin : Springer, 2003

[86] KRETSCHMANN, E. : Die Bestimmung optischer Konstanten von metallen durch Anregung von Oberflächenplasmaschwingungen. In: *Zeitschrift für Physik* 241 (1971), S. 313–324

[87] LEUNG, G. ; TANG, H. R. ; MCGUINNESS, R. ; VERDONK, E. ; MICHELOTTI, J. M. ; LIU, V. F.: Cellular Dielectric Spectroscopy: a label free technology for drug discovery. In: *JALA* 10 (2005), August, S. 258 – 269

[88] LI, P. ; LIN, B. ; GERSTENMAIER, J. ; CUNNINGHAM, B. : A New Method for Label-Free Imaging of Biomolecular Interactions. In: *Sensors and Actuators B* 99 (2004), April, S. 6–13

[89] LIN, B. ; QIU, J. ; GERSTENMAIER, J. ; LI, P. ; PIEN, H. ; PEPPER, J. ; CUNNINGHAM, B. : A Label-Free Optical Technique for Detecting Small Molecule Interactions. In: *Biosensors and Bioelectronics* 17 (2002), September, S. 827–834

[90] LOB, V. ; BRISCHWEIN, M. ; H. ; GROTHE ; KAUFMANN, J. R. K. ; WOLF, B. : Cell-based Assays: Mikrosensorarray-basiertes Screening an lebenden Zellen und Geweben. In: *BIOspektrum* Sonderausgabe 11 (2005), S. 511–512

[91] LOB, V. ; GEISLER, T. ; BRISCHWEIN, M. ; UHL, R. ; WOLF, B. : Automated live cell screening system based on a 24-well-microplate with integrated micro fuidics. In: *Medical and Biological Engineering and Computing* 45 (2007), S. 1023–1028

[92] LOB, V. ; GEISLER, T. ; RESSLER, J. ; GROTHE, H. ; BRISCHWEIN, M. ; WOLF, B. : Multiparametric automated screening system based on a 24-Well-Microplate for living cells and tissues. In: *Conference Guide 9th MipTec 2006*, 2006

[93] LOB, V. ; GEISLER, T. ; WOLF, B. ; UHL, R. : Multiparametric automated screening system based on a 24-Well-Microplate for living cells and tissues. In: *IFMBE Proceedings* Bd. 14, 2006, S. 557–560

[94] LOWE, C. R.: Biosensors. In: *Journal of Chromatography* 22 (1990), S. 347–354

[95] MACDONALD, J. R.: Scaling and modeling in the analysis of dispersive relaxation of ionic materials. In: *Journal Of Applied Physics* 90 (2001), Juli, S. 153–161

[96] MARTINSEN, O. G. ; GRIMNES, S. ; SCHWAN, H. P.: Interface phenomena and dielectric properties of biological tissue. In: *Encyclopedia of Surface and Colloid Science* - (2002), S. 2643–2652

[97] MAYR, T. ; KLIMANT, I. ; WOLFBEIS, O. S. ; WERNER, T. : Dual lifetime referenced optical sensor membrane for the determination of copper(II) ions. In: *Analytica Chimica Acta* 462 (2002), S. 1–10

[98] MCADAMS, E. T. ; LACKERMEIER, A. ; MCLAUGHLIN, J. A. ; MACKEN, D. ; JOSSINET, J. : The linear and non-linear electrical properties of the electrode-electrolyte interface. In: *Biosensors and Bioelectronics* 10 (1995), S. 67–74

[99] MCDONNELL, J. : Surface plasmon resonance: towards an understanding of the mechanisms of biological molecular recognition. In: *Current Opinion in Chemical Biology* 5 (2001), September, Nr. 5, S. 572–577

[100] MOORE, K. ; REES, S. : Cell-Based Versus Isolated Target Screening: How Lucky Do You Feel? In: *Journal of Biomolecular Screening* 6 (2001), April, Nr. 2, S. 69–74

[101] MOTRESCU, R. E.: *Analysis of Biological Signals with Multifunctional Bioelectronic Sensor Chips on Living Cells*, Technische Universität München - Heinz-Nixdorf Lehrstuhl für Medizinische Elektronik, Diss., November 2004

[102] NAKANO, A. : Spinning-disk Confocal Microscopy — A Cutting-Edge Tool for Imaging of Membrane Traffic. In: *Cell Structure and Function* 27 (2002), Nr. 5, S. 349–355

[103] NEEDHAM, J. ; NEEDHAM, D. M.: The Hydrogen-Ion Concentration and the Oxidation-Reduction Potential of the Cell-Interior: A Micro-Injection Study. In: *Proceedings of the Royal Society of London* 98 (1925), Nr. 689, S. 259–286

[104] NEWELL, K. ; FRANCHI, A. ; POUYSSÉGUR, J. ; TANNOCK, I. : Studies with glycolysis-deficient cells suggest that production of lactic acid is not the only cause of tumor acidity. In: *Proc Natl Acad Sci USA* 90 (1993), S. 1127–1131

[105] OTTO, A. M.: Phytoestrogene: Potentielle Wirkstoffe zur Prävention und Therapie des mammacarcinoms Teil 2: Estrogene und antiestrogene Pflanzenwirkstoffe. In: *Pharmazie in unserer Zeit* 29(2) (2000), S. 91–99

[106] OTTO, A. M. ; BRISCHWEIN, M. ; MOTRESCU, E. ; WOLF, B. : Analysis of drug action on tumor cell metabolism using electronic sensor chip. In: *Archiv der Pharmazie* 12 (2004), S. 682–686

[107] OWICKI, J. C. ; PARCE, J. W.: Biosensors based on the energy metabolism of living cells : the physical chemistry and cell biology of extracellular acidification. In: *Biosensors & Bioelectronics* 7 (1992), S. 255–272

[108] PAWLEY, J. B.: *Handbook of Confocal Microscopy*. Plenum Press, New York, 1990

[109] PEDROTTI, F. L.: *Optik für Ingenieure: Grundlagen*. Springer, Berlin/Heidelberg/New York, 2005

[110] PERIASAMY, A. : Fluorescence resonance energy transfer microscopy: a mini review. In: *Journal of Biomedical Optics* 6 (2001), Nr. 3, S. 287–291

[111] PETHIG, R. : *Dielectric and Electronic Properties of Biological Materials*. Wiley New York, 1997

[112] POLK, C. ; POSTOW, E. : *CRC Handbook of Biological Effects of Electromagnetic Fields*. CRC Press,, 1986

[113] PRANDTL, L. ; OSWATITSCH, K. ; WIEGHARDT, K. : *Braunschweig*. Bd. 8. Auflage: *Führer durch die Strömungslehre*. Vieweg, 1984

[114] PUCEAT, M. : pH_i regulatory ion transporters: an update on structure, regulation and cell function. In: *Cell. Mol. Life Sci.* 55 (1999), S. 1216–1229

[115] PWESIDIS, A. : High-throughput screening. In: *Nature Biotechnology* 16 (1998), S. 488–489

[116] RAJU, G. G.: *Dielectrics in Electric Fields*. CRC Press, 2003

[117] RANDLES, J. E. B.: Kinetics of rapid electrode reactions. In: *Discuss Faraday Soc.* 1 (1947), S. 11–19

[118] RAY, E. T.: *Einführung in XML*. O'Reilly, 2004. – ISBN 3897212862

[119] RESSLER, J. C.: *Sensorchips für die multiparametrische zelluläre Bioanalytik und für biohybride Bauelemente*, Heinz Nixdorf-Lehrstuhl für Medizinische Elektronik, Technische Universität München, Diss., 2008

[120] REYNOLDS, T. V. ; ROCKWELL, S. ; G1AZER, P. M.: Genetic Instability Induced by the Tumor Microenvironment. In: *CANCER RESEARCH* 56 (1996), December, S. 5754–5757

[121] RIBEIRO, S. : Technologies and Strategies High-throughput screening of GPCRs. In: *Screening* 1 (2006), S. 25–27

[122] ROST, F. W. D.: *Fluorescence Microscopy*. 1. Cambridge University Press, 1995

[123] ROTHENHÄUSLER, B. ; KNOLL, W. : Surface–plasmon microscopy. In: *Nature* 332 (1998), S. 615–617

[124] ROTIN, D. ; STEEL-NORWOOD, D. ; GRINSTEIN, S. ; TANNOCK, I. : Requirement of the Na^+/H^+ Exchanger for Tumor Growth. In: *Cancer Research* 49 (1989), Nr. Januar, S. 205–211

[125] SAWYER, D. T. ; SOBKOWIAK, A. ; ROBERTS, J. L.: *Electrochemistry for Chemists.* John Wiley & Sons, 1995

[126] SCHANNE, O. F. ; CERETTI, E. R. P.: *Impedance Measurements in Biological Cells.* John Wiley & Sons, 1978

[127] SCHLEGEL, H. G.: *Allgemeine Mikrobiologie.* 6. Stuttgart : Georg Thieme Verlag, 1985

[128] SCHMIDT, T. : *Physiologie des Menschen.* 24. Berlin : Springer Verlag, 1990

[129] SCHRÖDER, K. ; PFAFF. *Zwischenbericht Projekt IMWP.* nicht veröffentlicht. 2006

[130] SCHWAN, H. P.: Electrical properties of blood and its constitutents: Alternating current spectroscopy. In: *Annals of Hematology* 4 (1983), S. 185–197

[131] SCHWAN, H. : Electrical Properties of Tissue and Cell Suspensions. In: *Advances in Biological and Medical Physics;* V (1957), S. 147–209

[132] SEGALL, M. : Smart high-throughput screening. In: *Drug Discovery Today* 8 (2003), Nr. 4, S. 160–161

[133] V. SENGBUSCH, P. : *Einführung in die Allgemeine Biologie.* 2. Berlin : Springer Verlag, 1977

[134] SHEPPARD, C. ; SHOTTON, D. ; SHEPPARD, C. : *Confocal Laser Scanning Microscopy.* BIOS Scientific Publishers, 1998

[135] SLAYTER, E. M. ; SLAYTER, H. S.: *Light and Electron Microscopy. 1992.* Cambridge University Press, Cambridge, 1992

[136] SLIMANE, T. A. ; FONTANGES, P. ; TRUGNAN, G. : GFP, FRAP, FLIP, FRET, PRIM, FLASH ect.... New microscopic techniques using new fluorescent probes. An overview. In: *Biology of the Cell* 91 (1999), Nr. 3, S. 227–228

[137] SOLEIMANI, M. ; BURNHAM, C. : Na^{+}: HCO_3^- Cotransporters (NBC): Cloning and Characterization. In: *Journal of Membrane Biology* 183 (2001), S. 71–84

[138] SOULE, H. ; VAZGUEZ, J. ; LONG, A. ; ALBERT, S. ; BRENNAN, M. : A human cell line from a pleural effusion derived from a breast carcinoma. In: *J. Natl. Cancer inst.* 51(5) (1973), S. 1409– 1416

[139] SPENCER, M. : *Fundamentals of Light Microscopy.* Cambridge University Press, 1982

[140] STEINER, G. ; SABLINSKAS, V. ; HÜBNER, A. ; KUHNE, C. ; SALZER, R. : Surface plasmon resonance imaging of microstructured monolayers. In: *Journal of Molecular Structure* 509 (1999), S. 265–273

[141] STEPHENS, D. J. ; ALLAN, V. J.: Light Microscopy Techniques for Live Cell Imaging. In: *Science* 300 (2003), April, Nr. 5616, S. 82–86

[142] STEPPER, C. : *Entwurf, Herstellung und Charakterisierung von Biosensorchips*, Technische Universität München, Diss., 2005

[143] STERN, O. : Zur Theorie der elektrischen Doppelschicht. In: *Z. Elektrochem.* 30 (1924), S. 508

[144] TANNOCK, I. ; ROTIN, D. : Acid pH in Tumors and its Potential for Therapeutic Exploitation. In: *Cancer Research* 49 (1989), S. 4373–4384

[145] TEICHER, B. A. ; HOLDEN, S. A. ; MENON, K. ; HOPKINS, R. E. ; GAWRYL, M. : Effect of hemoglobin solution on the response of intracranial and subcutaneous 9L tumors to antitumor alkylating agents. In: *Cancer Chemother Pharmacol.* 33 (1993), Nr. 1, S. 57–62

[146] THANGARAJU, M. ; SHARMA, K. ; LIU, D. ; ; SHEN, S.-H. ; SRIKANT, C. : Interdependent Regulation of Intracellular Acidification and SHP-1 in Apoptosis. In: *Cancer Research* 59 (1999), S. 1649–1654

[147] TIPLER, P. A.: *Physik*. Heidelberg : Spektrum Akademischer Verlag, 2004

[148] TOMINAGA, T. ; BARBER, D. L.: Na-H exchange acts downstream of RhoA to regulate integrin-induced cell adhesion and spreading. In: *Molecular Biology of the Cell* 9 (1998), S. 2287–2303

[149] VAUPEL, P. ; BRIEST, S. ; HÖCKEL, M. : Hypoxia in breast cancer: pathogenesis, characterization and biological/therapeutic implications. In: *Wiener Medizinische Wochenschrift* 152 (2002), Nr. 13-14, S. 334–342

[150] VAUPEL, P. ; OKUNIEFF, C. S. P.: Intracellular acidosis in murine fibrosarcomas coincides with ATP depletion, hypoxia, and high levels of lactate and total Pi. In: *NMR Biomed* 7(3) (1994), May, S. 128–36

[151] VAUPEL, P. ; THEWS, O. ; KELLEHER, D. K. ; HOECKEL, M. : Oxygenation of human tumors: the Mainz experience. In: *Strahlenther Onkol.* 174 (1998), Nr. 4, S. 6–12

[152] VERDONK, E. ; JOHNSON, K. ; MCGUINNESS, R. ; LEUNG, G. ; W.CHEN, Y. ; TANG, H. R. ; MICHELOTTI, J. M. ; LIU, V. : Cellular dielectric spectroscopy: a label-free comprehensive platform for functional evaluation of endogenous receptors. In: *Assay Drug Dev Technol.* 4 (2006), S. 609–619

[153] WANG, Y.-L. ; TAYLOR, D. L.: *Fluorescence Microscopy of Living Cells in Culture, Part A & B*. Academic Press, San Diego, 1989

[154] WEGENER, J. ; HAKVOORT, A. ; GALLA, H.-J. : Barrier function of porcine choroid plexus epithelial cells is modulated by cAMP-dependent pathways in vitro. In: *Brain Research* 853 (1999), S. 115–124

[155] WEGENER, J. ; ZINK, S. ; RÖSEN, P. ; GALLA, H.-J. : Use of electrochemical impedance measurements to monitor ß-adrenergic stimulation of bovine aortic endothelial cells. In: *Pflügers Archiv European Journal of Physiology* 437 (1999), Nr. 6, S. 925–934

[156] WEIGL, B. H. ; HOLOBAR, A. ; TRETTNAK, W. ; KLIMANT, I. ; KRAUS, H. ; O'LEARY, P. ; WOLFBEIS, O. S.: Optical triple sensor for measuring pH, oxygen and carbon dioxide. In: *Journal of Biotechnology* 32 (1994), S. 127–138

[157] WEISSMANTEL, C. ; HAMANN, C. : *Grundlagen der Festkörperphysik*. Bd. 4. Heidelberg : Barth Verlag, 1995

[158] WELLENREUTER, G. ; ZASTROW, D. : *Automatisieren mit SPS Theorie und Praxis*. Vieweg, 2002. – ISBN 3-528-13910-2

[159] WÖHRLE, D. ; TAUSCH, M. W. ; STOHRER, W. D.: *Photochemie: Konzepte, Methoden, Experimente*. Weinheim : WILEY-VCH Verlag, 1998. – ISBN: 3-527-29545-3

[160] WIEST, J. ; SCHMIDHUBER, M. ; CABALA, E. ; BRISCHWEIN, M. ; GROTHE, H. ; WOLF, B. : Modular, Wireless Bioelectronic Cell Chip System. In: *IFMBE Proceedings 11*, 2005

[161] WILLIAMS, K. J. ; COWEN, R. L. ; STRATFORD, I. J.: Hypoxia and oxidative stress in breast cancer Tumour hypoxia — therapeutic considerations. In: *Breast Cancer Res* 3 (2001), S. 328–331

[162] WOLF, B. ; BRISCHWEIN, M. ; BAUMANN, W. ; EHRET, R. ; KRAUS, M. : Monitoring of cellular signalling and metabolism with modular sensor-technique: The PhysioControl-Microsystem (PCM). In: *Biosensors & Bioelectronics* 13 (1998), S. 501–509

[163] XING, J. Z. ; ZHU, L. ; JACKSON, J. A. ; GABOS, S. ; SUN, X. J. ; WANG, X. B. ; XU, X. : Dynamic monitoring of cytotoxicity on microelectronic sensors. In: *Chem Res Toxicol.* 18 (2005), S. 154–161

Publikationsliste

Veröffentlichungen:

Teile der vorliegenden Arbeit wurden wie folgt veröffentlicht:

1. V. Lob, M. Brischwein, H. Grothe, J. Ressler, K. Kaufmann, B. Wolf:
   Cell-based assays: Mikrosensorarray-basiertes Screening an lebenden Zellen und Geweben
   BioSpektrum Sonderheft Chiptechnologie
   11. Jahrgang, S. 511-512, 2005
2. J. Ressler, V. Lob, M. Brischwein, H. Grothe, B. Wolf:
   24-Well-Microplate with Multi-Parametric Sensors for Functional Cell-Based Assays
   Conference Guide 8th MipTec 2005
   p. 54, 2005
3. V. Lob, J. Ressler, M. Brischwein, H. Grothe, K. Kaufmann, B. Wolf:
   Multiparametric automated screening system for living cells and tissues
   Biomedizinische Technik
   Volume 50, pp. 1601-1602, Supplementary vol. 1, Part 2, 2005
4. J. Ressler, J. Wiest, V. Lob, M. Brischwein, H. Grothe, B. Wolf:
   24-Well-Microplate With Sensors For Metabolic, Morphologic And Electrophysiologic Parameters Of Living Cells Or Tissue
   IFMBE Proceedings
   Volume 10, pp. 54-58, 7th International Conference on Cellular Engineering 2005, 2005
5. J. Ressler, V. Lob, M. Brischwein, H. Grothe, B. Wolf:
   24-Well-Microplate which is custom-selectable equipped with sensors for metabolical, morphological and electrophysiological parameters of living cells or tissue
   Biomedizinische Technik
   Volume 50, pp. 523-524, Supplementary vol. 1, Part 1, 2005
6. J. Ressler, V. Lob, M. Brischwein, H. Grothe, B. Wolf:
   24-Well-Microplate with sensors for metabolic, morphologic and electrophysiologic parameters of living cells or tissues
   IFMBE Proceedings
   Volume 11, EMBEC'05, 3rd European Medical and Biological Engineering Conference, IFMBE European Conference on Biomedical Engineering, No. 2030F, 2005
7. M. Brischwein, H. Grothe, A. M. Otto, J. Ressler, V. Lob, J. Wiest, B. Wolf:
   Möglichkeiten und Grenzen der Mikrosensortechnologie in zellulärer Diagnostik und Pharmascreening
   Chemie Ingenieur Technik
   Volume 77, S. 1975-1979, Issue 12, 2005
8. J. Ressler, V. Lob, M. Brischwein, H. Grothe, B. Wolf:
   24-Well-Microplate mit Sensoren für metabolische und morphologische Parameter von lebenden Zellen
   Dresdner Beiträge zur Sensorik
   Band 24, S. 203-206, 7. Dresdner Sensor-Symposium, 2005
9. M. Brischwein, T. Geisler, V. Lob, J. Ressler, J. Wiest, B. Wolf:
   Chip statt Maus: Mikrosensorarrays zu Chemikalienprüfung

Nachrichten aus der Chemie
Volume 54 (ISSN 1439-9598), S. 115-120, 2006

10. V. Lob, T. Geisler, J. Ressler, H. Grothe, M. Brischwein, B. Wolf:
Multiparametric automated screening system based on a bioelectronic 24-Well-Microplate for living cells and tissues
Conference Guide 9th MipTec 2006
p. 72, 2006

11. T. Geisler, V. Lob, B. Wolf, R. Uhl:
Control-Architecture for Cell-Based High-Content and High Throughput Screening
IFMBE Proceedings
Volume 14 (ISSN 1727-1983), pp. 2152-2155, 2006

12. V. Lob, T. Geisler, B. Wolf, R. Uhl:
Multiparametric automated screening system based on a 24-Well-Microplate for living cells and tissues
IFMBE Proceedings
Volume 14 (ISSN 1727-1983), pp. 557-560, 2006

13. B. Wolf, M. Brischwein, V. Lob, J. Ressler, J. Wiest:
Cellular Signalling: Aspects for Tumor Diagnosis and Therapy
Biomedizinische Technik
Volume 52, pp. 164-168, Issue 1, 2007

14. V. Lob, T. Geisler, M. Brischwein, H. Grothe, B. Wolf:
An automated live-cell-screening system based on a 24-well test plate with integrated sensor chips and microfluidics
Conference Guide 10th MipTec 2007
p. 72, 2007

15. V. Lob, T. Geisler, M. Brischwein, R. Uhl, B. Wolf:
Automated live cell screening system based on a 24-wellmicroplate with integrated micro fluidics
Medical and Biological Engineering and Computing
Volume 45, Number 11, pp. 1023-1028, 2007

Fachvorträge:

1. *MipTec 2006*
   Internationale Konferenz und Ausstellung
   7-10 Mai 2006; Konferenzzentrum Basel, Schweiz

   Microscope-based High-Throughput and High-Content Screening with the "Intelligent Microplate Reader"
   Session: Drug Discovery Technologies V: Image Analysis Applications
   Zeit: Donnerstag, 11. Mai 2006

2. *World Congress on Medical Physics and Biomedical Engineering 2006*
   Internationale Konferenz und Ausstellung
   27. August - 01. September 2006; Konferenzzentrum COEX Seoul, Korea

   Multiparametric Automated Screening System Based on a 24-Well-Microplate for Living Cells and Tissues
   Track: Biosensors and Instrumentation (Track 6)
   Session: Biosensors III (Session 6)
   Zeit: Dienstag, 29. August 2006

3. *MipTec 2007*
   Internationale Konferenz und Ausstellung
   7-10 Mai 2007; Konferenzzentrum Basel, Schweiz

   An automated live-cell-screening system based on a 24-well test plate with integrated sensor chips and microfluidics
   Session: Drug Discovery Technologies I: Label-free technologies
   Zeit: Dienstag, 8. Mai 2007

Wissenschaftliche Poster:

1. *Screening Europe 2005*
   M. Brischwein, J. Ressler, V. Lob:
   Cell-Based Assays with Multiparametric Sensor Arrays
   Screening Europe 2005, Genf (Schweiz), 14.-16.02.05
2. *7th International Conference on Cellular Engineering 2005*
   J. Ressler, J. Wiest, V. Lob, M. Brischwein, H. Grothe and B. Wolf:
   24-Well-Microplate With Sensors For Metabolic, Morphologic And Electrophysiologic Parameters Of Living Cells Or Tissue
   7th International Conference on Cellular Engineering 2005, Seoul (Korea), 06.-09.09.2005
3. *39th Annual Congress of the German Society for Biomedical Engineering and 14th International Conference of Medical Physics*
   V. Lob, J. Ressler, M. Brischwein, H. Grothe, B. Wolf:
   Multiparametric automated screening system for living cells and tissues for measuring cell metabolism and cell morphology in long term studies
   39th Annual Congress of the German Society for Biomedical Engineering and 14th International Conference of Medical Physics, Nürnberg, 14.-17.09.05
4. *Mikrosystemtechnik Kongress 2005*
   V. Lob, J. Ressler, J. Wiest:
   Live Cell Screening with Ceramic Based Multiwell Microsensor Chips
   Mikrosystemtechnik Kongress 2005, Freiburg, 10.-12.10.05
5. *7. Dresdner Sensor-Symposium 2005*
   J. Ressler, V. Lob, M. Brischwein, H. Grothe, B. Wolf:
   24-Well-Microplate mit Sensoren für metabolische und morphologische Parameter von lebenden Zellen
   7. Dresdner Sensor-Symposium 2005, Dresden, 12.-14.12.05
6. *9th MipTec 2006*
   V. Lob, T. Geisler, J. Ressler, H. Grothe, M. Brischwein, B. Wolf:
   Multiparametric automated screening system based on a bioelectronic 24-Well-Microplate for living cells and tissues
   9th MipTec 2006, Basel (Schweiz), 09.-11.05.06
7. *AK Mikrosysteme für Biotechnologie und Life Sciences*
   V. Lob, M. Brischwein, H. Grothe, J. Ressler, B. Wolf:
   Cell-based assays: Mikrosensorarray-basiertes Screening an lebenden Zellen und Geweben
   AK Mikrosysteme für Biotechnologie und Life Sciences, Bremen, 21.-23.06.06
8. *Deutsche Gesellschaft für Zellbiologie (DGZ)-Meeting*
   V. Lob, M. Brischwein, J. Ressler, H. Grothe, B. Wolf:
   A live-cell-screening system based on a 24-well test plate with integrated sensor chips and microfluidic
   Deutsche Gesellschaft für Zellbiologie (DGZ)-Meeting, Frankfurt, 14.-17.03.07

MIX
Papier aus verantwortungsvollen Quellen
Paper from responsible sources
FSC® C105338

Printed by Books on Demand GmbH, Norderstedt / Germany